日本で見られる
熱帯の花
ハンドブック

土橋 豊

文一総合出版

熱帯とは

ココヤシ（*Cocos nucifera*）

　熱帯とは、地理学上は、赤道を中心として、南北回帰線（南北経度23°27'）の間の地域をさす。気象学上は、年平均気温20℃以上、最寒月平均気温が18℃以上の地域を示す。植生から見ると、ココヤシ（*Cocos nucifera*）の原生分布が指標とされる。**亜熱帯**は、熱帯に次いで気温の高い地域をいい、一般には南北回帰線付近の緯度23°〜40°の地域を示し、年平均気温6〜18℃されるが、はっきりとした定義はない。

　熱帯は、月平均気温の差が少なく、昼夜の温度差が大きく、日長時間は年中12時間前後と年間でほぼ等しいという特徴がある。

　熱帯における植物分布では、温度のほかに降雨量の影響が大きいので、以下のように、赤道多雨気候、熱帯海洋性気候、熱帯大陸性気候に分けられる。

赤道多雨気候：温度の年較差は5〜6℃以内。常緑の熱帯降雨林が発達する。マレー半島、タイ南部、オーストラリア北部など。

赤道多雨気候における熱帯降雨林（マレーシア）

熱帯海洋性気候：年中多雨であるが、貿易風があり、地形および経度により乾期がある地域もある。ハワイやグアムなど。

熱帯大陸性気候：赤道多雨気候より気温の年較差が6〜12℃と大きく、夏秋に雨期、冬春に乾期がある。メキシコ、ケニアなど。

　また、高地の場合、地理学上は熱帯であっても、気象学上は熱帯ではないので、**熱帯高地**と呼ぶ。

熱帯植物の故郷

　陸上植物（コケ植物と維管束植物）の種は30万種ほどだが、そのうち3分の2ほどが熱帯に分布しているといわれており、まさに熱帯は植物の宝庫といえる。

　熱帯には、ラン科やパイナップル科植物、シダ植物を中心とした着生植物、世界最大の花として有名なラフレシア・アーノルディー（*Rafflesia arnoldii*）を含む寄生植物のラフレシア属植物、食虫植物のネペンテス属植物などが自生し、その植物相は多様である。

　一方、熱帯地域において観賞用として栽培されるものは、世界の熱帯各地で共通であることが知られる。例えば、ブーゲンビレア、ツンベルギア、アラマンダ、テコマンテ、ヘリコニア、ハイビスカス、ムッサエンダ、プルメリア、ランタナ、ポインセチア、カエンボク、オウコチョウ、バウヒニアなどは、世界のどの熱帯地域を訪れても見ることができる。恐らく、大航海時代から船乗りたちが熱帯各地に運び、栽培されたことに始まり、今のように広まっていったと想像される。これらの多くは、温帯圏では植物園の温室で栽培され、私たちには身近な植物となっている。

着生植物のパイナップル科エクメア・ヌディカウリス *Aechmea nudicaulis*（ブラジルにて）

寄生植物のラフレシア・カントレイ *Rafflesia cantleyi*（マレーシアにて）

食虫植物のネペンテス・マクファルラネイ *Nepenthes macfarlanei*（マレーシアにて）

ハーディネス・ゾーンについて

　ハーディネス・ゾーン（HZ）は、アメリカ合衆国農務省で作成され（USDA Hardiness Zone Map）、各地の最低気温を基準に、植栽適温域を区分したものである。すなわち、植物が寒さに対して戸外で栽培可能な地域（ゾーン）のことである。ハーディネス・ゾーンを参考にすることで、植物を戸外に植えた際の、越冬可能かどうかの目安になる。

　植栽する地域が、本書で記述した各植物のHZ番号と同じ、または小さければ、戸外でも越冬可能と判断できる。同じ番号であればアルファベットで同様に判断する。例えば、植栽予定地のハーディネス・ゾーンが9bの場合、植栽植物で示されるハーディネス・ゾーンが9aであれば戸外で越冬できる可能性が高いが、10aであれば、冬期は室内に取り込むなど防寒対策を行う必要がある。あくまでも寒さに対する指標であり、暑さのために枯死する指標ではない。

　下表に代表的地域のHZを示すが、植栽場所固有の気象条件にも左右されることがある。また、本書で数字だけで示す場合、例えば10は10a～10bを意味する。なお、各ゾーンで示される温度が半端なのは、元々がアメリカで作成された基準であり、摂氏（℃）ではなく華氏（℉）で表記されていることによる。

ハーディネス・ゾーンと年平均最低気温 *

ゾーン	年最低気温（℃）	日本	アメリカ
9a	− 6.6 ℃ ～ − 3.9 ℃	東京（東京都）、横浜（神奈川県）、名古屋（愛知県）、京都（京都府）、大阪（大阪府）、広島（広島県）、熊本（熊本県）などや九州・四国・本州のかなり強い霜の降りる地帯	セントオーガスティン（フロリダ州）
9b	− 3.9 ℃ ～ − 1.1 ℃	洲本（兵庫県）、徳島（徳島県）、呉（広島県）、萩（山口県）、福岡（福岡県）などや九州・四国・本州の弱い霜の降りる地帯	フォート・ピアース（フロリダ州）
10a	− 1.1 ℃ ～ ＋ 1.7 ℃	大島（東京都）、八丈島（東京都）、剣崎（神奈川県）、潮岬（和歌山県）、牛深（熊本県）、指宿（鹿児島県）や九州・四国・本州の海岸に近い無霜または準無霜地帯	ネイプルズ（フロリダ州）、ビクタービル（カリフォルニア州）
10b	＋ 1.7 ℃ ～ ＋ 4.4 ℃	佐多岬（鹿児島県）、西之表（鹿児島県）、屋久島（鹿児島県）大隅諸島・九州の南端、四国・本州の無霜地帯極一部	マイアミ（フロリダ州）
11a	＋ 4.4 ℃ ～ ＋ 7.2 ℃	名瀬（鹿児島県）、名護（沖縄県）、奄美諸島	ホノルル（ハワイ州）
11b	～ ＋ 7.2 ℃	沖永良部（鹿児島県）、那覇（沖縄県）、石垣島（沖縄県）、西表島（沖縄）沖縄列島（先島諸島、沖縄諸島）、小笠原諸島	

＊坂崎ら．1999．日本で育つ熱帯花木植栽事典、安藤ら．2007．日本花名鑑④を基に作成

本書の特色と使い方

　本書では、熱帯および亜熱帯地域または国内の植物園などの大型温室、室内で観賞を目的として栽培される、主として花または花の周辺（苞など）を観賞の対象とする植物593種類を扱った。

❶カテゴリー　見かけの特徴から調べやすいように「つる・よじ登り植物」「水生植物」「サボテン・多肉植物」「ラン」「単子葉植物」「双子葉植物」の6つに大別し、その中では分類順とした。

❷和名　日本語で相当する名称がある場合を標準としているが、ないものについては学名の英語式のカナ表記をした。

❸学名　世界共通して使用される名称で、種の学名は属名＋種形容語の2語で示す。その後に「subsp.」「var.」がつくときはさらに細かく亜種と変種に分けていることを意味する。「' '」（コーテーションマーク）にはさまれた語は園芸品種名を、種形容語の前につく「×」は交雑種を、「spp.」「cv.」「cvs.」はそれぞれ複数の種、園芸品種、複数の園芸品種を示す。「異」は異名を示す。学名のうち、研究者が正しいとする学名を正名といい、それ以外を異名という。本書では比較的よく使用される異名のみを記載した。

❹科名　本書ではマバリーの分類体系に準拠した科名を示すと同時に、（　）内にエングラー分類の科名を記した。

❺解説
和 和名 **別** 別名 **流** 流通名 **園** 園芸名
中 中国名 **英** おもな英語名
原 原産地
来 交雑種、園芸品種の来歴
利 その植物のおもな利用法
花 日本における花期
葉 葉の特徴。「単葉」とは葉身がひとつながりになっている葉で、「複葉」は葉身が深く裂けて葉脈に達し複数にわかれているもの。「互生」は葉が互い違いにつき、「対生」は向かい合ってつく。「輪生」は同じ節に3枚以上の葉がつく状態。
HZ ハーディネス・ゾーン（p.4参照）

❻属名の省略　同じ属名が続く場合、属名の最初のアルファベット＋．というように省略形で示した。❷においても、カナ1文字＋・で示した。

クレロデンドラム *Clerodendrum* spp. 【シソ科（クマツヅラ科）】
原 クサギ属 **主**主としてアジアおよびアフリカの熱帯、温帯に約250種
つる・よじ登り植物 **鉢物** 主に初夏～秋 **単葉・対生または輪生** **HZ** 10a-10b
→p.118参照

ゲンペイカズラ *C. thomsoniae* **英** bag flower, bleeding heart vine　熱帯西アフリカ原産。若い茎の断面は四角形。花は頂生または腋生の集散花序に8～20個がつく。白色の萼は目立ち、先は5裂。花冠は深赤色で、径2cmほど。

花色別 おもな掲載種

赤の花

（数字はページを示しています）

マネティア　　　16

エスキナンサス　17

コルムネア　　　18

ラパジュリア　　16

アリストロキア　19

ブーゲンビレア　20

マンデビラ　　　25

ストロファンタス 26

シクンシの仲間　27

アサヒカズラ　　29

レッド・トランペット・バイン 34

パンドレア　　　35

ポドラネア　　　36

テコマンテ　　　36

ホザキアサガオ　37

デザート・ピー　38

ムクナ　　　　　39

ジャスミンの仲間 41

オオオニバス　　43

熱帯スイレンの原種 44

サクラランの仲間 46

クジャクサボテン 47

ユーフォルビア・ポイシアン・グループ 48

ロケア　　　　　49

カランコエの仲間 49	カトレア類 50	リードステム系エピデンドラム 53	ミルトニア類 54
リカステ 54	パフィオペディラム 55	ファレノプシス 56	ヘリコニア 58
ストロマンテ 60	アンスリウム 62	コスタス 64	
タペイノキロス 65	アルピニア 66	クルクマ 66	トーチジンジャー 67
グロッバ 67	エクメア 70	ビルベルギア 71	ニドゥラリウム 71
グズマニア 72	ネオレゲリア 73	フリーセア 75	バナナの仲間 77
クンシラン 78	センコウハナビ 79	アベルモスカス 80	トックリキワタ 80

カリアンドラ 148	ホウオウボク 149	エリスリナ 150	ムユウジュの仲間 151
ボロニア 153	クロウェア 153	クフェア 154	コルディア 155
グレビレア 157	プロテア 158	ステノカルプス・シヌアタス 160	テロペア 160
青/紫の花	ブルースター 22	ペトレア 27	ダレシャンピア 29
トケイソウの仲間 30	ソラナム 33	サリタエア 33	クリトストマ 34
ガーリック・バイン 34	アルギレイア 37	ノアサガオ 37	チョウマメ 38
ハーデンベルギア 39	ジェイド・バイン 40	ホテイアオイ 42	熱帯スイレン 45

デンファレ系デンドロビウム 52	ジゴペタラム 55	バンダ類 57	コクリオステマ 69
ディコリサンドラ 69	チランジア 74	ブルーハイビスカス 82	フクシア 92
ルリマツリ 94	アキメネス 94	セントポーリア 97	ジニンギア 98
ストレプトカーパスの仲間 100	アンゲロニア 102 / プセウデランテマム 109	オタカンサス 102 / ストロビランテス・アニソフィラ 111	エランテマム・プルケルム 105 / チャイニーズ・レイン・ベル 111
ツンベルギア 112	カロトロピス 114	クレロデンドラムとその仲間 118	ドゥランタ 119
コバノランタナ 121	プレクトランサス 'モナ・ラベンダー' 124	インパティエンス・マリアナエ 129	インパティエンス・ソデニー 129

ブルンフェルシア 135	イオクロマ 135	ブルー・ポテト・ブッシュ 136	ポテト・ツリー 137
ジャカランダ 137	シコンノボタンの仲間 142	ヘテロケントロン 143	コダチアサガオ 143
オオバナサルスベリ 155	黄/橙の花	メキシカン・フレーム・バイン 21	ウェデリア 21
イエライシャン 21	ツンベルギア 23	アラマンダ・カタルティカ 24	ワイルド・アラマンダ 26
コウシュンカズラ 29	ソランドラ 32	カエンカズラ 35	バウヒニア・コキナ 38
ノランテア 40	ウォーターポピー 42	シンビジウム 51	オンシジウム類 53
カラテア 60	ストレリチア 61	バービッジア 65	グロッバ 67

ジンジャーの仲間 68	カンガルーポー 76	チユウキンレン 76	ハワイアン・ハイビスカス 84
オオハマボウ 85	ローゼル 85	ムッサエンダ 89	ネマタンサス 96
シーマニア 99	スミシアンサ 99	オクナ 101	アフェランドラ 103
クロッサンドラ 104	ジャスティシア・オーレア 106	ジャスティシア・フロリバンダ 106	パキスタキス 108
サンケジア 111	トウワタ 113	プルメリア 115	キバナキョウチクトウ 116
キバナヨウラク 120	ランタナ 121	ホウガンノキ 123	スクテラリア・コスタリカナ 125
ディレニア・フルティコサ 128	インパティエンス・ニアムニアムエンシス 128	インパティエンス・レペンス 129	フアヌリョア 133

ヤコウボクの仲間 136　マーマレードノキ 137　テコマ・スタンス 139　イランイランノキ 143

キバナワタモドキ 144　オウコチョウ 145　ゴールデン・シャワー 149　センナ 152

バンクシア 156　レウカデンドロン・サリグヌム 157　プロテア 158　レウコスペルマム・プラエコックス 160

白の花

コドナンテ 16　マダガスカルジャスミン 22　ボーモンティア 24

クレロデンドラム 28　トケイソウの仲間 30　ジャスミンの仲間 41　アマゾンソードプランツ 42

オオオニバス 43　サクラランの仲間 46　ゲッカビジン 47　クリスマス・カクタス 48

ノビル系デンドロビウム 52　スパティフィラム 63　カラー 63　コスタス 64

ハナシュクシャ 65	ブライダル・ベール 69	アマゾンユリ 78	ヒメノカリス 79
ハイビスカス・インスラリス 85	ローゼル 85	ムッサエンダ 89	アキメネス 94
コエビソウ 105	パキスタキス 108	ストロビランテス・アニソフィラ 111	ミフクラギの仲間 114
サンユウカ 116	コプシア 117	ライティア 117	コンゲア 119
サガリバナ 122	ネコノヒゲ 124	オーストラリアン・ローズマリー 125	フブキバナ 125
ユーフォルビア 131	オトギリバニシキソウ 132	ブルグマンシア 134	ブラケア 140
セイロンテツボク 144	シロゴチョウ 151	黒の花	タッカ 68

15

ラパジュリア　*Lapageria rosea*　【フィレシア科（ユリ科）】

和 ツバキカズラ　英 Chilean bellflower　原 チリ南部　利 鉢物　花 夏〜冬　葉 単葉・互生　HZ 10a

茎で絡み付くつる性植物。チリの国花。本属は1属1種の単型属。葉腋に1〜2個が垂れ下がってつく。花は鐘形で、長さ10cmほど。花色は淡紅色または濃紅色で、小さな白色斑点が入る。白色の園芸品種'アルビフロラ'（右）もある。

マネティア　*Manettia luteorubra*　異：*M. bicolor, M. inflata*　【アカネ科】

和 アラゲカエンソウ　英 Brazilian firecracker, firecracker vine　原 パラグアイ、ウルグアイ　利 鉢物・吊り鉢　花 夏以外　葉 単葉・対生　HZ 10b

多年草または低木。葉は長さ2.5〜4cm。葉裏面や茎に微軟毛。花は葉腋に単生。花冠は筒状で、先は4裂、長さ5cmほど、粗毛が多い。花冠筒部は明赤色、先は黄色となり、英名はその色彩と形態から爆竹（firecracker）に見立てた。

コドナンテ　*Codonanthe gracilis*　異：*C. picta*　【イワタバコ科】

原 ブラジル南部　利 鉢物・吊り鉢　花 不定期　葉 単葉・対生　HZ 11a

葉はやや多肉質で光沢があり、長さ3〜5.5cm。花冠は2cmほどで、先は5裂し、白色。喉部に赤紫色の斑点がある。オレンジ色の果実（右）は液果で、光沢があり美しい。

エスキナンサス　*Aeschynanthus* spp.　【イワタバコ科】

英 basket plant, blush wort　原 南アジアから東アジア南部に約160種　利 鉢物・吊り鉢　花 不定期　葉 単葉・対生または輪生　HZ 10b

つる・よじ登り植物

エ・ラディカンス *A. radicans* 英 lipstick plant　マレー半島原産。着生植物。葉は長さ4〜5cm。筒状の萼は暗赤紫色で、長さ2.5cmほど。筒状の花冠は長さ5〜7cmで、明赤色、微軟毛がある。英名は口紅植物の意味で、花冠の形態と色による。

エ・ロンギカリクス *A. longicalyx*
マレー半島原産。花冠は長さ約7cm、明赤色。（キャメロンハイランド2.11）

エ・ロンギフロルス
A. longiflorus
マレー半島原産。葉は長さ約15cm。花は縦向きに咲く。筒状の花冠は8〜11cmと長く、暗赤色。

エ・ミクランサス *A. micranthus*
ヒマラヤ山麓の亜熱帯地域原産。筒状の花冠は2cmと小さく、明赤色。

エ・スペキオサス *A. speciosus*　マレー半島。葉は長さ6〜10cm。花冠は上部が膨らみ、長さ8〜10cm。

コルムネア　*Columnea* spp.　【イワタバコ科】

原 熱帯アメリカ、西インド諸島に160種以上　**利** 鉢物・吊り鉢　**花** 主として春～初夏　**葉** 単葉・対生または輪生　**HZ** 11a

コ・ヒルタ *C. hirta*　コスタリカ、パナマ、ホンジュラス原産。葉は長さ5 cmほど。朱赤色の花冠は微毛を生じ、長い筒状で、先端は広がって5深裂し、上の4裂片は合着してひさし状となり、下の裂片は下方に伸びる。

コ・ミクロフィラ *C. microphylla* コスタリカ原産。緋紅色の花冠は長さ約6 cmで、喉部と下裂片は黄色。

コ・エルステッディアナ *C. oerstediana* コスタリカ、パナマ原産。茎は長く垂れ下がる。橙赤色の花冠は長さ7 cm。

コ'アラジンズ・ランプ' *C.* 'Aladdin's Lamp'　交雑種。葉の裏面は紫色を帯びる。花冠は濃赤色。

コ'ボンファイヤー' *C.* 'Bonfire'　交雑種。茎は横に伸び広がる。花冠は黄色で、先はオレンジ色を帯びる。

アリストロキア　*Aristolochia* spp. 【ウマノスズクサ科】

英 birthwort 原 新・旧世界の熱帯および温帯に 300 種以上 利 鉢物、大型種は大型の温室 花 主に初夏～秋 葉 単葉・互生

つる・よじ登り植物

ア・ウエストランディー *A. westlandii*　中国の雲南省南部、香港原産。低木。葉は革質で、長さ 15 cm ほど。花は萼が発達したもので、花弁を欠く。花は短毛で覆われ、径 10 ～ 15 cm、暗紫色地に網目模様が入る。暖地では戸外で越冬できる。HZ 9b

ア・ギガンテア *A. gigantea* 英 Brazilian dutchman's pipe, giant pelican flower
パナマ原産。花は大きく、直径 20 ～ 30 cm、赤褐色地に白色網目模様が入る。果実（右）は円筒形で、長さ 3 cm ほど。暖地では戸外で越冬できる。
HZ 9b

ア・リンゲンス *A. ringens*　中央アメリカ、カリブ諸島、フロリダ原産。花は長さ 15 ～ 25 cm、先は上唇と下唇に分かれる。HZ 10b

パイプカズラ
A. littoralis
異 *A. elegans*
英 calico flower　南アメリカ原産。花径は 8 cm ほど。暖地では戸外で越冬できる。
HZ 9b

ブーゲンビレア　*Bougainvillea* spp.　【オシロイバナ科】

英 bougainvillea　原 中央アメリカ、熱帯南アメリカに18種　利 鉢物、大型種は大型の温室　花 主に初夏〜秋　葉 単葉・互生

ブーゲンビレア属の花は、花弁のように見える苞に単生する。花には花冠はなく、筒状の萼からなる。

ブ・グラブラ *B. glabra* 和 テリハイカダカズラ　英 paper flower　ブラジル原産。葉は長さ10cmほど、光沢のある緑色。花弁のように見えるのは苞で、3枚の苞が集まって花のように見える。写真上左は'サンデリアナ'('Sanderiana')で、苞は菫色。暖地では戸外で越冬できる。HZ 9b

ブ・バティアナ *B.× buttiana*　交雑種。多くの園芸品種が知られる。写真は'ミセス・バット'('Mrs. Butt')。HZ 10a

ブ'エリザベス・アンガス' *B.*'Elizabeth Angus'　明紫色の大きな広卵形の苞が美しい。HZ 10a

メキシカン・フレーム・バイン　*Pseudogynoxys chenopodioides*　異：*Senecio confusus*　【キク科】

英 Mexican flamevine, orangeglow vine　原 コロンビア　利 鉢物　花 不定期　葉 単葉・対生　HZ 10b

多年草で、長さ4〜6mほどになる。葉は狭卵形で、縁には歯牙がある。頭状花は直径5cmほどで、芳香がある。舌状花冠、筒状花冠ともに特徴ある橙色。

ウェデリア　*Sphagneticola trilobata*　異：*Wedelia trilobata*　【キク科】

和 アメリカハマグルマ　英 Singapore daisy　原 熱帯アメリカ〜フロリダ南部　利 グランドカバー　花 温度があればほぼ周年　葉 単葉・対生　HZ 9b-10a

異名よりウェデリアと呼ばれる。茎はつる状に匍匐する。葉縁には鋸歯がある。頭状花は直径1.5〜2cmほど。舌状花冠は黄〜橙黄色。世界の熱帯・亜熱帯地域に逸出して問題となっている。

イエライシャン　*Telosma cordata*　【キョウチクトウ科（ガガイモ科）】

英 west coast creeper　中 夜来香　原 インド〜ベトナム　利 鉢物または温室　花 夏〜秋　葉 単葉・対生　HZ 11a

硬く細い茎は長さ4〜5mに伸びる。茎葉を切ると白い乳液が出る。淡黄色の花は直径2cmほどで、10個程度が集まって垂れ下がる。花には芳香がある。中国南部では夜来香と呼ばれるが、昼でもよく香る。

ブルースター *Oxypetalum coeruleum* 異：*Tweedia coerulea* 【キョウチクトウ科（ガガイモ科）】

原 ブラジル南部、ウルグアイ　利 鉢物　花 初夏〜秋　葉 単葉・対生　HZ 9b-10a

袋果は長さ15cm

種子の長い種髪

多年草で、茎は1mほどに伸びる。茎葉の切り口から白乳が生じる。全株に白い短毛。花色は淡青色で、老化すると濃青色。花冠は5裂片からなり、直径3cmほど。ブルースターやオキシペタラムの名で流通。

マダガスカルジャスミン *Stephanotis floribunda* 異：*Marsdenia floribunda* 【キョウチクトウ科（ガガイモ科）】

英 Madagascar jasmine　原 マダガスカル　利 鉢物、ブーケ、コサージュ　花 初夏〜夏　葉 単葉・対生　HZ 10b

斑入り葉の園芸品種

低木で、茎は4mほどに伸びる。茎葉の切り口から白乳が生じる。ロウ質の花は純白で芳香がある。花冠は直径5cmほどで、花冠基部は筒状になる。

ツンベルギア　*Thunbergia* spp.　【キツネノマゴ科】

英 clock vine 原 南・熱帯アフリカ、マダガスカル、熱帯アジアに約100種 利 鉢物または温室 花 主として早春〜秋 葉 単葉・対生　→ p.112 参照

つる・よじ登り植物

'バリエガタ'
T. grandiflora 'Variegata'
葉が白覆輪となる斑入りの園芸品種。HZ 10a

ベンガルヤハズカズラ *T. grandiflora* 英 Bengal clock vine, blue trumpet vine
インド北部原産。熱帯・亜熱帯地域ではパーゴラなどに植栽される。葉は角張った心臓形。花は青紫色で、径6〜8 cm。白色花の'アルバ'も知られる。類縁種にローレルカズラ（*T. laurifolia*）が知られるが、葉が全縁であることから区別できる。HZ 10a

ヤハズカズラ *T. alata*
英 black-eyed Sudan vine　熱帯アフリカ原産。花は径3〜4 cm、橙黄色または白色。葉柄に翼。HZ 9b-10a

ツ・グレゴリー
T. gregorii 熱帯アフリカ原産。茎葉に微細毛。花は径4 cmほど、濃橙黄色。葉柄には翼はない。HZ 10a

ツ・マイソレンシス
T. mysorensis インド南部原産。花は垂れ下がる総状花序につけ、径約4 cm。HZ 10b

アラマンダ・カタルティカ　*Allamanda cathartica*　【キョウチクトウ科】

和 アリアケカズラ　英 common allamanda, golden-trumpet　原 南アメリカ
利 大型温室　花 初夏〜夏　葉 単葉・輪生まれに対生　HZ 10a　→ p.113 参照

花冠は漏斗形

葉はふつう輪生

強光下では低木状に生育することがある。葉はふつう3〜4個が輪生するが、時に対生する。漏斗形の花冠は先が5裂し、径5〜7cmで、鮮やかな黄色。熱帯・亜熱帯地域ではパーゴラ、フェンスに誘引して栽培される。

ボーモンティア　*Beaumontia* spp.　【キョウチクトウ科】

原 インド〜中国、インドネシアに9種　利 大型温室　花 主として冬〜春
葉 単葉・対生　HZ 11a

ボ・グランディフロラ　*B. grandiflora*

ボ・ムルトニー　*B. murtonii*

ボ・ムルティフロラ *B. multiflora*　ベトナム〜インドネシア原産。花は径15〜20cmほど、白色で甘い芳香を放つ。花冠は鐘型で、先端は5裂。ボ・グランディフロラに似るが、花冠筒部が短く、幅広いことで区別できる。

マンデビラ　　*Mandevilla* spp.　【キョウチクトウ科】

原 熱帯アメリカに約130種　利 鉢物　花 主として初夏〜秋　葉 単葉・対生 まれに輪生　HZ 10b

つる・よじ登り植物

マ・ボリビエンシス
M. boliviensis　ボリビア、エクアドル原産。葉は光沢があり、平滑。花は径4cm、白色で喉部は黄色。

マ・アマビリス　*M.* × *amabilis*　マ・スプレンデンス（*M. splendens*）を片親とした交雑種と考えられる。写真は'アリス・デュポン'（'Alice du Pont'）でよく栽培される。葉は光沢があり、表面の凹凸が著しい。花冠は漏斗形で、径9〜12cm。花色は桃〜濃桃赤色に変化する。

マ・サンデリ
M. sanderi　ブラジル原産。花は径6〜7cm、桃〜濃桃赤色。枝を刈り込むと低木状に育つ。

マ・'サン・パラソル・クリムゾン' *M.* 'Sun Parasol Crimson'　右品種とともにサントリーフラワーズ作出品種。早くから花が咲く。

マ・'サン・パラソル・ジャイアント・ホワイト'
M. 'Sun Parasol Giant White'　茎がよく伸び、花径10〜13cm。

ストロファンタス　　*Strophanthus* spp.　【キョウチクトウ科】

原 熱帯アフリカ〜南アフリカ、熱帯アジアに約38種　利 鉢物または大型温室　花 主として初夏〜秋　葉 単葉・対生まれに3輪生　HZ 10a

蕾は赤褐色

ス・グラッス　*S. gratus*　和 ニオイキンリュウカ　英 climbing oleander　熱帯西アフリカ原産。茎を切るとクリーム状のものが出る。葉は革質で、縁は大きく波打ち、表面は濃緑色、裏面は赤紫色を呈す。花冠喉部に爪状鱗片があり、突出する。花は径5cmほどで、芳香があり、白色〜桃色。

ス・プレウシィー　*S. preussii*　花冠裂片の先が伸びる。

ワイルド・アラマンダ　　*Pentalinon luteum*　異：*Urechites lutea*　【キョウチクトウ科】

英 wild-allamanda, yellow mandevilla　流 サマー・ブーケ　原 フロリダ南部、西インド諸島　利 鉢物　花 初夏〜夏　葉 単葉・対生まれに輪生・互生　HZ 11a

マングローブ内や沿岸部に自生する。茎の切り口から出る汁液は有毒で、皮膚につかないように注意する。葉は長楕円形〜円形で、光沢がある。花冠は漏斗形で、先は5裂。花径は5〜7cmほどで、鮮やかな黄色。日本では「サマー・ブーケ」の名で流通する。

ペトレア　*Petrea volubilis*　【クマツヅラ科】

英 purple wreath, sandpaper vine　原 中央アメリカ、小アンティル諸島　利 鉢物または大型温室　花 初夏～夏　葉 単葉・対生　HZ 11a

葉の表面はサンドペーパーのようにざらつき、sandpaper vine の英名もある。萼は淡紫色で裂片は2cmほど。萼は開花後も宿存し、色あせて、大きくなり、果実散布に役立つ。花冠は径1cmほどで、濃紫青色。

シクンシの仲間　*Combretum* spp.　【シクンシ科】

原 オーストラリアを除く熱帯に約240種　利 大型温室　花 主として夏　葉 単葉・輪生または対生　HZ 10b

シクンシ *C. indicum* 異 *Quisqualis indica* 英 Rangoon creeper　旧世界の熱帯原産。落葉すると、葉柄の一部がとげ状に残る。花は径2～3cm、芳香がある。花色ははじめ白色で、すぐに桃色になり、最後は赤色。八重咲き（右）もある。

コンブレツム・グランディフロラム
C. grandiflorum アフリカ北部原産。赤色の花糸が目立つ。

コンブレツム・フルティコサム
C. fruticosum メキシコ～アルゼンチン原産。花糸が目立つ。蜜を出し、ハチドリが訪れる。

クレロデンドラム　　*Clerodendrum* spp.　【シソ科（クマツヅラ科）】

和 クサギ属　原 主としてアジアおよびアフリカの熱帯、温帯に約 250 種
利 鉢物　花 主として初夏〜秋　葉 単葉・対生または輪生　HZ 10a-10b
→ p.118 参照

ゲンペイカズラ *C. thomsoniae* 英 bag flower, bleeding heart vine　熱帯西アフリカ原産。若い茎の断面は四角形。花は頂生または腋生の集散花序に 8 〜 20 個がつく。白色の萼は目立ち、先は 5 裂。花冠は深赤色で、径 2 cm ほど。

ゲンペイカズラ　和名は萼と花冠の色から源平を連想したもの。

フイリゲンペイカズラ
C. thomsoniae 'Variegata'　葉に不規則な黄白色斑が入る園芸品種。

ク・スプレンデンス *C. splendens*
熱帯アフリカ原産。集散花序は径 10 〜 15 cm、多数の花をつける。花冠は径 2 cm、深紅色。

ベニゲンペイカズラ *C.* × *speciosum*
英 Java glory bean　ゲンペイカズラとク・スプレンデンスとの交雑種。萼は開花時には淡紅色。

コウシュンカズラ　*Tristellateia australasiae*　【キントラノオ科】

英 shower of gold climber, vining galphimia　原 マレーシア、オーストラリア、太平洋諸島の熱帯の海岸周辺　利 大型温室　花 温度があればほぼ周年　葉 単葉・対生　HZ 11a

葉は卵円形、長さ15cmほどで、光沢がある。花は茎頂の総状花序に約15〜30個がまとまってつく。花冠は光沢のある黄色で、径2〜2.5cmほど。果実は翼を持つ星形になり、径1〜2cm。

アサヒカズラ　*Antigonon leptopus*　【タデ科】

英 coral vine, Mexican creeper, chain of love　原 メキシコ原産　利 大型温室　花 初夏〜秋　葉 単葉・互生　HZ 10b

地下に塊根をつくり、低温期には塊根で越冬する。三角形〜心臓形の葉は皺状になり、葉の反対側に巻きひげがある。花は総状花序に5〜15個つく。萼は花弁のようで、1cmほど、赤〜桃色、結実時まで残る。

ダレシャンピア　*Dalechampia dioscoreifolia*　【トウダイグサ科】

英 winged beauty, Costa Rican butterfly vine　原 中央・南アメリカ原産　利 鉢物　花 夏〜秋（温度があれば周年）　葉 単葉・互生　HZ 10b

葉は卵形、長さ5〜13cm。花には花弁がなく、花弁状に見えるのは総苞で、鮮やかな紫桃色。英名は、2枚の総苞が翼状または蝶に似ていることに由来する。汁液により皮膚炎が生じることがある。

トケイソウの仲間（パッシフロラ） *Passiflora* spp. 【トケイソウ科】

和 トケイソウ属 英 passion flower 原 熱帯・亜熱帯アメリカを中心に約430種 利 温室、一部がガーデニング鉢物 花 初夏～秋 葉 単葉・互生

トケイソウ *P. caerulea* 英 blue passionflower　ブラジル～アルゼンチン原産。葉は掌状に5深裂。花径10 cm。萼片、花弁ともに5枚で、互いによく似る。多数の副花冠は糸状、基部は紫色、中間部は白色、先端は青色。和名は、糸状副花冠を時計盤に見立てたことに由来。温暖地では戸外で越冬可。HZ 9a

クダモノトケイ *P. edulis* 英 granadilla, paassion fruit　ブラジル～アルゼンチン原産。葉は掌状に3深裂。花径7～8 cm。果実（右）は直径5 cmほどで、パッションフルーツと呼ばれる。果汁はジュースに利用。HZ 9b-10a

オオミノトケイソウ *P. quadrangularis* 英 giant granadilla　南アメリカ北西部原産。葉は単葉全縁。花径は8～13 cm。糸状副花冠の縞模様が目立つ。果実（右）は、本属中最大で長さ約30 cm、重さ1 kgを超える。HZ 10b

ベニバナトケイソウ *P. coccinea* 英
red passionflower　熱帯南アメリカ原産。葉は長さ15 cmほど、葉縁に鋸歯。花径は12 cmほど。HZ 10b

ホザキノトケイソウ *P. racemosa*　ブラジル原産。葉は長さ約10 cm、3深裂。花は垂れ下がる総状花序につく。花径10 cmほど。HZ 10b

パ・モリッシマ *P. mollissima* 英
banana passionfruit　熱帯アメリカ原産。葉は3深裂。英名は果実が熟すとバナナに似ることに由来。HZ 10b

パ・インカルナタ *P. incarnata* 英
wild passionflower　バージニア、フロリダ、テキサス州原産。葉は3深裂。花径は5〜7 cm。HZ 9b

パ・コリアケア *P. coriacea* 英 bat-leaf passionflower　メキシコ〜ペルー北部、ボリビア北部、ガイアナ原産。幅30 cmにもなる葉が特徴。HZ 10b

パ・'アメジスト' *P.* 'Amethyst'　交雑品種。葉は3深裂。古くから栽培され、鉢花としても利用。春〜晩秋まで開花。HZ 9a

パ・'ブ ル ー ・ブ ー ケ' *P.* 'Blue Bouquet' トケイソウとパ・'アメジスト'の交雑品種。葉は3深裂。花径7〜8 cm。HZ 10a

パ・'ライラック・レディー' *P.* 'Lilac Lady'　トケイソウとホザキノトケイソウの交雑品種。葉は3深裂。花径10 cm。HZ 10a

ソランドラ　*Solandra* spp.　【ナス科】

和 ラッパバナ属　英 chalice vine　原 熱帯アメリカに10種　利 大型温室　花 初夏〜秋　葉 単葉・互生　HZ 10b

ソ・マキシマ *S. maxima* 英 golden chalice vine, cup of gold　メキシコ〜コロンビア、ベネズエラ原産。葉は楕円形。花は茎頂付近の葉腋に1〜数個つき、径20 cmほどで、芳香を放つ。花冠は杯状で、先は5裂。英名は花冠の形態と色に由来。

ソ・マキシマ　蕾（左）は風船状に膨らむ。花色は初めは白色を帯び、翌朝に濃黄色になる。花冠内部に5本の紫色の条線が入る。雄しべは5本で、雌しべは紫色を帯びる。緑色の萼は円筒形で、先は2〜5裂する。

ソ・グランディフロラ *S. grandiflora*　和 ラッパバナ　ジャマイカ、プエルトリコ、小アンティル諸島原産。高さ5 mほどになる。

ソ・ロンギフロラ *S. longiflora*　ジャマイカ、キューバ原産。左種に似るが、萼が花冠筒部の半分以下であることで区別。

ソラナム　*Solanum* spp.　【ナス科】

和 ナス属　英 night-shade　原 世界の熱帯から温帯に約1400種　利 鉢物　花 初夏〜秋　葉 単葉または複葉・互生　HZ 10b　→ p.137 参照

ルリイロツルナスの羽状複葉

ルリイロツルナス *S. seaforthianum* 英 Brazilian night shade, star potato vine　熱帯アメリカ原産。葉は羽状複葉（右上）、上部では単葉になる。花は垂れ下がる集散花序に多数つく。花冠は星形で、径2cmほど。花色は特徴ある青紫色。葯の黄色が目立つ。ナス属には刺を持つものが多いが、本種には刺がない。

ツルハナナス *S. jasminoides* ブラジル原産。

サリタエア　*Bignonia magnifica*　異：*Saritaea magnifica*　【ノウゼンカズラ科】

英 purple Bignonia　原 コロンビア、エクアドル　利 大型温室　花 不定期　葉 複葉または単葉・対生　HZ 11a

花冠は漏斗形

巻きひげの先は分岐しない

小葉は倒卵形。花は葉腋に通常4個つき、径7〜9cm。花冠は漏斗形で、先は5裂。花色は紫赤色で、喉部は白色。開花当初は濃色で、その後、色があせてくる。温室で栽培すると、年に数回開花する。異名よりサリタエアと呼ぶ。

クリトストマ　*Bignonia callistegioides*　異：*Clytostoma callistegioides*　【ノウゼンカズラ科】

和 ハリミノウゼン　**英** Argentine trumpet vine, love charm　**原** ブラジル南部、アルゼンチン　**利** 大型温室　**花** 春〜夏　**葉** 複葉・対生　**HZ** 9b

異名よりクリトストマと呼ばれる。葉は3出複葉。小葉には光沢がある。花は茎頂に2個まれに3〜4個つける。花冠は漏斗形で、先は5裂する。花径は7cmほど。花色は淡紫色に紫色の条線が入る。

レッド・トランペット・バイン　*Amphilophium buccinatorium*　異：*Distictis buccinatoria*　【ノウゼンカズラ科】

英 red trumpet vine　**原** メキシコ　**利** 大型温室　**花** 初夏〜秋　**葉** 複葉・対生　**HZ** 9b

小葉は卵形〜披針形で、革質、長さ10cm。花は茎頂に数花つける。花冠はトランペット状で、長さ8〜10cm、先は5裂する。花色は特色ある橙赤色で、筒部内部は黄色みを帯びる。

ガーリック・バイン　*Mansoa alliacea*　異：*Pseudocalymma alliaceum*　【ノウゼンカズラ科】

和 ニンニクカズラ　**英** garlic vine, wild garlic　**原** 熱帯アメリカ　**利** 鉢物　**花** 温度があれば周年　**葉** 複葉・対生　**HZ** 10b

小葉は卵形〜楕円形で、長さ5〜10cm。花は数〜20数個が房状につく。花冠は漏斗形で、先は5裂。当初、花色は紫紅色で、次第に色あせる。喉部は白色を帯びる。葉や花をもむとニンニクのような臭いがある。

カエンカズラ　　*Pyrostegia venusta*　【ノウゼンカズラ科】

英 flame vine, golden shower　原 ブラジル、パラグアイ、ボリビア、アルゼンチン北東部　利 大型温室　花 冬〜春　葉 複葉・対生　HZ 10a

葉は2〜3枚の小葉からなり、先端の1枚は巻きひげとなる。小葉は卵形〜長楕円状披針形。花は葉腋または茎頂に10数個つく。花冠は管状で、長さ5〜7cm、先は5裂する。花色は炎のようなオレンジ色で、よく目立つ。

花冠はトランペットのよう　　　雄しべは花冠から突出

パンドレア　　*Pandorea jasminoides*　【ノウゼンカズラ科】

和 ソケイノウゼン　英 bower plant　原 オーストラリア北東部　利 鉢物　花 初夏〜秋　葉 複葉・対生　HZ 10a

葉は小葉5〜9枚からなる奇数羽状複葉。花は茎頂に数個つける。花冠は漏斗状で、先は5裂し、径5cmほど。花色は白色〜淡桃色で、喉紅部は濃紅色。属名（*Pandorea*）は、ギリシア神話のパンドラの名に因む。

ポドラネア *Podranea ricasoliana* 【ノウゼンカズラ科】

英 pink trumpet vine, Zimbabwe creeper, port John's creeper 原 南アフリカ
利 パーゴラ、トレリス 花 初夏〜秋 葉 複葉・対生 HZ 9b

葉は小葉5〜11枚からなる奇数羽状複葉。花は新梢先に多数つく。花冠は漏斗形で、径6cmほど。花色は淡桃色で、赤紫色の筋が入る。流通名はピンクノウゼンカズラ。無霜地帯では戸外で越冬する。

テコマンテ *Tecomanthe* spp. 【ノウゼンカズラ科】

原 モルッカ諸島、パプアニューギニア、オーストラリア、ニュージーランドに5種 利 大型温室 花 初夏〜秋 葉 複葉・互生 HZ 11a

テ・デンドロフィラ
T. dendrophila 異 *T. venusta*　モルッカ諸島〜ニューギニア原産。葉は小葉3〜7枚からなる奇数羽状複葉。花は古い枝にまとまってつく。花冠は漏斗形〜鐘形で、長さ8〜12cmほど、先は5裂する。

テ・デンドロフィラ　花色は外側が濃桃色〜赤色で、内側の先端が淡色になる。

テ・モンタナ *T. montana*　ニューギニア原産。花冠は外側が桃橙色で、先端は黄みを帯びる。

アルギレイア　*Argyreia nervosa*　【ヒルガオ科】

英 small wood rose, woodly morning glory　原 インド北部　利 大型温室　花 初夏～秋　葉 単葉・互生　HZ 10b

葉は心臓形で、長さ 18～27 cm、表面は無毛で緑色、裏面は白色軟毛で覆われている。萼片は卵形で、花柄とともにビロード毛で覆われる。花冠は漏斗形、周辺が淡紫色で、喉部は濃く、径 5～6.5 cm。

ホザキアサガオ　*Ipomoea horsfalliae*　【ヒルガオ科】

英 Mrs. Horsfall's morning glory, cardinal's creeper　原 西インド諸島　利 大型温室　花 晩夏～初冬　葉 単葉・互生　HZ 10b

葉は掌状に 3～5 裂し、裂片は長さ 4～10 cm。花は葉腋に数個つける。花冠は高盆形で、先は 5 裂し、径 4 cm ほど、筒部が長さ 3.5 cm ほど。花色は鮮やかな赤色～赤紫色。

ノアサガオ　*Ipomoea indica*　【ヒルガオ科】

英 blue dawn flower　原 汎熱帯　利 パーゴラ、トレリス　花 初夏～秋　葉 単葉・互生　HZ 9b

葉は卵状心臓形～円形で、長さ 5～17 cm、全縁で、まれに 3 裂する。花冠は漏斗形で、径 6～8 cm。花色は青色、紫色まれに白色。近年は、緑のカーテン素材として利用される。

つる・よじ登り植物

バウヒニア・コキアナ　*Bauhinia kockiana*　【マメ科】

和 イロモドリノキ　**英** climbing bauhinia, red trailing bauhinia　**原** マレー半島〜ボルネオ、小スンダ列島　**利** 大型温室　**花** 不定期　**葉** 単葉・互生　**HZ** 11a　→ p.146 参照

葉は卵形〜楕円形で、長さ7〜13cm、3脈が目立つ。花は葉腋または茎頂に多数つく。花冠は平開し、径2〜3cmほど。花色は鮮やかな黄色から橙色で、数日間で赤色に変化する。同じ花房に色が混じり、美しい。

チョウマメ　*Clitoria ternatea*　【マメ科】

英 butterfly pea, blue pea　**原** 熱帯アメリカまたは熱帯アジア　**利** 鉢花　**花** 夏〜秋　**葉** 複葉・互生　**HZ** 10b

園芸上は一年草として扱う。5〜7枚の小葉からなる複葉。小葉は楕円状卵形。花は葉腋に1個つく。花冠は特徴ある蝶形で、写真に示すような八重咲き品種もある。花色は青色、白色など。熱帯・亜熱帯地域に野生化する。

デザート・ピー　*Swainsona formosa*　異：*Clianthus formosus*　【マメ科】

英 desert pea, Sturt's desert pea　**原** オーストラリア西部の乾燥地　**利** 鉢花　**花** 冬〜初夏　**葉** 複葉・互生　**HZ** 9b-10a

茎が匍匐する。全株に白色毛を生じる。葉は13〜25枚の小葉からなる奇数羽状複葉。小葉は長さ1〜3cm。花は葉腋から生じる直立した総状花序に数個つける。花は長さ7〜8cmで、鮮紅色、旗弁基部が突出して、目状の黒紫色模様となる。

ハーデンベルギア　*Hardenbergia violacea*　【マメ科】

英 false sarsaparilla, purple coral pea, happy wanderer, native lilac 流 コマチフジ 原 オーストラリア東部、タスマニア 利 鉢花、パーゴラ 花 春〜初夏 葉 単葉・互生 HZ 9b

濃緑色の葉は披針形で、長さ8cmほど、革質。花は総状花序につく。花冠は蝶形で、青紫色のほか、白色、桃色。自生地は沿岸部。コマチフジの名で流通することもある。

ムクナ　*Mucuna* spp.　【マメ科】

和 トビカズラ属 原 熱帯・亜熱帯に100種以上 利 大型温室 葉 複葉・互生 HZ 10b

ム・ベネッティー

M. bennettii 英 New Guinea creeper, red jade vine　ニューギニア原産。葉は3出複葉で、小葉は長さ10〜13cm。花は長さ30〜60cmになる垂れ下がる総状花序に多数つき、全体としてボリュームのある花序となる。花は長さ8〜12cmで、鮮やかな橙紅〜緋紅色。開花期は秋。

ム・ベネッティーの花。世界一美しい花とも呼ばれる。

ム・ノボ‐グイネンシス

M. novo-guineensis　開花期は春。

つる・よじ登り植物

ジェイド・バイン　　*Strongylodon macrobotrys*　【マメ科】

🈶ヒスイカズラ 🈶 jade vine, emerald creeper 🈶フィリピン 🈶大型温室
🈶春〜初夏 🈶複葉・互生 HZ 11b

英名の由来ともなった花色は独特の青緑色で、宝石の翡翠（jade）を連想させる。

果実　人工授粉による

茎で巻きついてよじ登り、高さ 10 m 以上になる。葉は 3 出複葉で、小葉は長さ 12 〜 14 cm。葉腋から生じる総状花序は長さ 1 m 以上になって垂れ下がり、多数の花をつける。花は半月状で、長さ 10 cm ほど。

ノランテア　　*Norantea guianensis*　【マルクグラビア科】

🈶 red hot poker 🈶ギアナ 🈶大型温室 🈶春〜初夏 🈶単葉・互生 HZ 11b

葉は光沢があり、長楕円形。茎頂に長さ 50 cm ほどの花序を出し、多数の花をつける。径 1 cm ほどの赤橙色の袋状の苞が目立つ。花は小さく紫色で目立たない。苞内には蜜を貯め、自生地では鳥が訪れる。

ジャスミンの仲間（ジャスミナム）　　*Jasminum* spp.　【モクセイ科】

和 ソケイ属　**英** jasmine, jessamine　**原** 熱帯・亜熱帯に 450 種　**利** 鉢花　**花** 早春〜初夏　**葉** 複葉または単葉・互生または対生

つる・よじ登り植物

ボルネオソケイ
J. multiflorum **英** star jasmine　インド、東南アジア原産。花は白色で芳香があり、径 4 cm ほど。**HZ** 9b

ジ・ノビレ *J. nobile* **異** *J. rex*　タイ原産。本属中、最も大きな花をつける。葉は単葉で、対生し、広卵形。花は腋生の集散花序に数個つく。花冠は高盆形、先は通常 8 裂し、径 6 cm ほど。本属には珍しく、花に芳香はない。**HZ** 10a

オオシロソケイ
J. laurifolium **異** *J. nitidum* **英** angel-wing jasmine　インド、中国南部原産。花は白色で芳香があり、径 4 cm ほど。**HZ** 9b

ハゴロモジャスミン
J. polyanthum
英 climbing jasmine　ミャンマー、中国南部原産。総状花序に多数の白色花をつけ、強い芳香がある。**HZ** 9a

マツリカ *J. sambac*
英 Arabian jasmine　インド原産。花には芳香がある。半八重咲き品種もあり、ジャスミン茶やハワイではレイに利用。**HZ** 10a

サクラランの仲間（ホヤ）　p.46 参照

41

アマゾンソードプランツ *Echinodorus paniculatus* 【オモダカ科】

英 Amazon sword plant 原 南アメリカ北部 利 アクアリウム、池など 花 春～秋 葉 単葉 HZ 10b

抽水または沈水植物。葉は長さ25～40cm、線状披針形～楕円形、3脈が目立つ。花序は時に1mを超え、白色の花を多数つける。花径は1～2cm。アクアリウムにも大型の沈水植物としてよく利用される。英名は剣状の葉に由来。

ウォーターポピー *Hydrocleys nymphoides* 【オモダカ科（ハナイ科）】

和 ミズヒナゲシ 英 water poppy 原 熱帯南アメリカ 利 池、水槽など 花 夏～秋 葉 単葉 HZ 9b-10a

浮葉植物。茎は水中に匍匐し、節から根を出し、伸び広がる。光沢のある葉は広卵形で、長さ4～8cm。花柄を伸ばし、先に1花をつける。花径は4～5cmで、花色は鮮やかな黄色。和名、英名ともにケシ科を連想する花に由来する。

ホテイアオイ *Eichhornia crassipes* 【ミズアオイ科】

英 water hyacinth, water orchid 原 熱帯南アメリカ 利 池、水槽など 花 夏～秋 葉 単葉 HZ 9b-10a

浮葉植物。葉身は円形～卵形で、長さ4～10cmほど。葉柄は膨れて浮き袋状になる。花茎に淡青紫色の花を多数つける。花径は5cmほど。和名は布袋様の腹のように膨れた葉柄に由来。外来生物法において、要注意外来生物に指定されている。

オオオニバスの仲間（ビクトリア） *Victoria* spp. 【スイレン科】

和 オオオニバス属 英 giant water lily, water-platter 原 熱帯南アメリカに 2 種 利 池など 花 夏〜秋 葉 単葉

オオオニバス *V. amazonia* 裏 *V. regia* 英 Amazon water lily　アマゾン流域原産。浮葉植物。浅いタライのような葉は大きく直径 1.5〜2 m ほどで、円形、縁の立ち上がりが高さ 5〜10 cm になる。花の直径は 20〜40 cm になる。開花は 2 日間にわたる。1 日目の夕方、芳香を放つ純白な花が開き、2 日目の夕方、花はピンク色に変色し、再び開花する。 HZ 10b

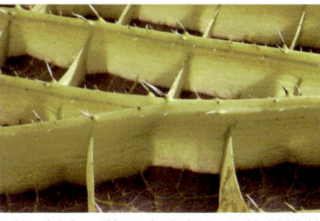

オオオニバスの葉裏面の葉脈（左）と刺（右）。葉の中央部から放射線状に伸びる太い葉脈で強度を保ち、それを横切るように走る葉脈は中空になって空気を蓄え、大きな浮力を生み出す。魚類など外敵からの身を守るため刺がある。 HZ 10b

パラグアイオニバス *V. cruziana*　アルゼンチン北部、パラグアイなどの原産。葉径 1〜1.5 m、縁の立ち上がり高さ 15 cm ほど。 HZ 10a

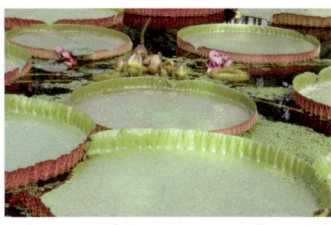

ビ・'ロングウッド・ハイブリッド' *V.* 'Longwood Hybrid'　オオオニバスとパラグアイオニバスの交雑種。 HZ 10b

熱帯スイレンの原種（ニンファエア） *Nymphaea* spp. 【スイレン科】

和 スイレン属 **英** water lily **原** 世界各地の熱帯、亜熱帯、一部温帯に約60種 **利** 池など **花** 夏〜秋 **葉** 単葉 **HZ** 10b

ニ・ルブラ *N. rubra* **英** Indian red water lily　インド原産。浮葉植物。葉は径25〜45 cm、赤褐色または青銅色。濃紅色の花は径15〜25 cm、夜咲き。スイレン属は、熱帯性スイレンと温帯性スイレンに大別。熱帯性スイレンは、葉縁に鋸歯があり、花は水面上に突出して咲く、地下茎は塊根状という特徴がある。

ニ・カペンシス *N. capensis* **英** Cape blue water lily　アフリカ東部および南部、マダガスカル原産。明青色の花は径15〜20 cm、昼咲き。

ニ・コロラタ *N. colorata*　タンザニア原産。葉は径12 cmほど。淡青色の花は径10 cmほどとやや小型で、多花性、昼咲き。

ニ・ギガンテア *N. gigantea* **英** Australian water lily　オーストラリア北部、ニューギニア原産。青紫色の花は径30 cmと大きく、夜咲き。

ニ・プベスケンス *N. pubescens*　インド〜フィリピン、ジャワ、オーストラリア北部原産。白色の花は径20 cm、夜咲き。

熱帯スイレン　*Nymphaea* cvs.　【スイレン科】

英 tropical water lily　来 熱帯性スイレンの交雑による園芸品種　利 池など
花 夏〜秋　葉 単葉　HZ 10b

水生植物

'ディレクター G. T. ムーア' *N.* 'Director George T. Moore'　昼咲き。濃紫色で、中心部の黄色の雄しべのコントラストが美しい。紫色系の代表品種で、大輪。1941年作出。熱帯スイレンは熱帯性スイレンの交雑により作出された園芸品種の総称で、本格的には1900年代前半からアメリカで作出が始まった。

'ドウベニアナ' *N.* 'Daubeniana'　昼咲き。アフリカ西部原産のニ・ミクランタ（*N. micrantha*）を片親とした園芸品種。花色は淡青色。交雑親のニ・ミクランタの形質により、葉の中央部にむかご（右）を生じ、親株から離れずに成長して開花もする。1863年作出。

'キング・オブ・シャム' *N.* 'King of Siam'　昼咲き。濃青紫色の八重咲き園芸品種。花径13〜15 cm。1998年作出。

'レッド・フレア' *N.* 'Red Flare'　夜咲き。深赤色の花は径30 cmほどになる大輪で、花つきがよい。1938年作出。

45

サクラランの仲間（ホヤ） *Hoya* ssp. 【キョウチクトウ科】(ガガイモ科)

和 サクラララン属 英 wax plant, wax vine 原 インド、中国南部、太平洋諸島、オーストラリアに約200種 利 鉢物 花 主として春〜秋 葉 単葉・対生 HZ 10b

サクララン *Hoya carnosa* 英 wax plant　インド、ミャンマー、中国南部原産。茎で巻きついたり、気根で付着したりするよじ登り植物。葉は楕円形、光沢がある多肉質。花は径1.5 cmほどで、半球状の散形花序につく。花色は白色〜淡桃色で、ロウ質の光沢。写真は'バリエガタ'（フイリサクララン）。

サクララン'バリエガタ'の蕾。蕾色は淡桃色から赤紫色。特徴ある5角形で、開花前にも観賞価値がある。

ホ・ランケオラタ・ベラ *H. lanceolata* subsp. *bella* 異 H. bella 英 miniature wax plant　インド〜ミャンマー原産。

ホ・ムルティフロラ *H. multiflora* 英 shooting stars 流 天の川、彦星　東南アジア原産。英名は流れ星の意。

ホ・プルプレオフスカ *H. purpureo-fusca*　インド原産。葉の表面には銀桃色の不規則な斑点。花色は赤褐色。

クジャクサボテン　*Disocactus × hybridus*　【サボテン科】

英 orchid cactus　来 ディソカクタス属などの野生種の交雑による園芸品種
利 鉢物　花 主として春　HZ 10b

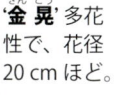

'**金晃**'多花性で、花径20 cmほど。

'**ペガサス**'巨大輪で、花径30 cmほど。

主として、ディソカクタス・フィラントイデス（*D. phyllanthoides*）やデ・スペキオサス（*D. speciosus*）、時にエピフィラム・クレナタム（*Epiphyllum crenatum*）の交雑により作出された園芸品種群。ディソカクタス属は南アメリカ東部に約10種が分布。茎は扁平で、葉状茎と呼ばれる。花径は20〜30 cm。4〜5日間開花する。左写真は'ショーボート'。

ゲッカビジン　*Epiphyllum oxypetalum*　【サボテン科】

園 月下美人　英 Dutchman's pipe cactus　原 メキシコ南部からホンジュラス
利 鉢物　花 夏〜秋　HZ 10b-11a

開花3日前の蕾。この時期に昼夜逆転させると、昼咲きとなる。

比較的雨の多い森林地帯に自生し、樹木に着生するため、森林性サボテンと総称される。扁平な葉状茎は幅10 cmほど。花は白色で、径12〜17 cmと大きく、強い香りがある。盛夏を除く7〜11月に数回開花する。夜咲きで、8時頃に開花し、数時間でしぼむが、低温期には夜明け近くまで開花している。

クリスマス・カクタス　　*Schlumbergera* × *buckleyi*　【サボテン科】

別 シャコバサボテン　英 Christmas cactus　来 シュルンベルゲラ属の野生種による交雑による園芸品種　利 鉢物　花 冬　HZ 10b

'リタ'

シュルンベルゲラ・トルンカタ（*S. truncata*）とシ・ルッセリアナム（*S. russelianum*）との交雑を基本とする園芸品種群。シュルンベルゲラ属はブラジル東南部に6種が分布。12〜1月に咲くことからクリスマス・カクタスと総称。デンマーク・カクタスとも呼ばれる。写真は'ゴールド・チャーム'。

雌しべは、花筒に合着するものと、雄しべの基部に筒状をなして合着するものの2タイプある。

ユーフォルビア・ポイシアン・グループ　　*Euphorbia* × *lomi* Poysean Group　【トウダイグサ科】

英 giant crown of thorns　来 ユーフォルビア・ミリーを片親とする交雑による園芸品種　利 鉢物　花 周年　葉 単葉　HZ 10a

苞が黄色の園芸品種

苞に斑が入る園芸品種

マダガスカル原産のハナキリン（*E. milii*）とユ・ロフォゴナ（*E. lophogona*）の交雑によると考えられる。ハナキリンを大型にした形質で、茎がよりずんぐりしている。茎には刺がある。花弁状の苞は鮮やかに色づく。タイで作出されたものは、ポイシアン・グループ（Poysean Group）と総称される。

ロケア　*Crassula coccinea*　異：*Rochea coccinea*　【ベンケイソウ科】

和 紅ロケア　英 red crassula　原 南アフリカ・ケープ州　利 鉢物　花 初夏〜夏　葉 単葉・対生　HZ 10a

異名よりロケアと呼ばれる。多肉化した倒卵形の葉は長さ2cmほどで、十字対生し、互いに基部で合着する。花は茎頂の集散花序につく。花冠は高盆形で、先は5裂する。花色は緋赤色まれに白色、花径は4cmほど。花には芳香がある。

カランコエの仲間　*Kalanchoe* spp.　【ベンケイソウ科】

和 リュウキュウベンケイソウ属　原 南・東アフリカ、マダガスカル〜アジアに約138種　利 鉢物　花 冬〜夏　葉 単葉・対生　HZ 10a

カランコエ *K.* Blossfeldiana Group　マダガスカル原産のカ・ブロスフェルディアナ（*K. blossfeldiana*）を基に交雑により作出された園芸品種群。花冠（右）は高盆形で、先は4裂。花色は赤、ピンク、橙、黄など。開花調節により周年流通する。

カ・ユニフロラ *K. uniflora* 流 エンゼルランプ　マダガスカル原産。茎は匍匐または下垂する。鐘形の花冠は長さ約2cm。

カ'ウェンディー' *K.* 'Wendy'　カ・ミニアタ（*K. miniata*）とカ・ポルフィロカリクス（*K. porphyrocalyx*）との交雑による園芸品種。

カトレア類　*Cattleya* Alliance　【ラン科】

来 カトレア属、レリア属、ブラッサボラ属、リンコレリア属、エピデンドラム属（→ p.53 参照）などの野生種および交雑種を総称　利 鉢物、切り花　葉 単葉　HZ 11

カ・ラビアタ
C. labiata　ブラジル原産。カトレア属の代表種。1818 年、イギリスの植物収集家カトレイ氏の元に届いたブラジルからの荷物の詰め草に使われていた珍しい植物が 6 年後に開花した。後にカトレア属を新設し、本種として発表された。カトレア類の原点とも言え、交雑親として重要。花径 12 ～ 17 cm。花期は秋。

カ・コッキネア *C. coccinea*
異 *Sophronitis coccinea*　ブラジル東部原産。花期は秋～冬。花径 7 cm ほど。ミニ・カトレヤの交雑親として重要。

カ・ダウィアナ・オーレア
C. dowiana var. *aurea*　コスタリカ、コロンビア原産。花期は秋。黄花赤唇弁の重要な交雑親。

カ・ワルケリアナ *C. walkeriana*
ブラジル原産。小型で強健。花径は 8 ～ 10 cm。花には芳香がある。花期は冬～春。

グアリアンテ・オーランティアカ
Guarianthe aurantiaca 異 *Cattleya aurantiaca*　中央アメリカ原産。花径は 3 ～ 4 cm。花期は秋～冬。

カ・マーガレット・デゲンハート 'サターン' *C.* Margaret Degenhardt 'Saturn'　側花弁に濃紫紅色のくさび斑が入る三色花。花径は15cmほど。花期は主として冬〜春。写真は最もよく知られる優良個体。

カトリアンテ・ファビンギアナ 'ミカゲ'
× *Cattlianthe* Fabingiana 'Mikage'　花径は10cmほど。花期は秋。

リンコレリオカトレア・アルマ・キー 'チップ・マリー'
× *Rhyncholaeliocattleya* Alma Kee 'Tip Malee'　花径12cmほど。花期は秋〜冬。

シンビジウム　*Cymbidium* spp. & hybrids　【ラン科】

和 シュンラン属　来 インド北西部〜日本、オーストラリアに約50種分布する野生種と、特に熱帯原産の野生種を基にした交雑種　利 鉢物、切り花　葉 単葉　HZ 10b

シ・エンザン・ナックル *C.* Enzan Knuckle　シ・トラキアナム（*C. tracyanum*）とシ・シグナル（*C.* Signal）との交雑種。片親のシ・トラキアナム（中国、ミャンマー、タイ原産）の特徴をよく引き継ぎ、赤褐色の条斑が密に入る。

シ・エナジー・スター 'ベスパ' *C.* Energy Star 'Vespa'

シ・ファイアー・ビレッジ 'ワイン・シャワー' *C.* Fire Village 'Wine Shower'

ノビル系デンドロビウム　*Dendrobium* Nobile Hybrids　【ラン科】

ラン

来 インド北東部〜中国、ラオス、タイ原産のデンドロビウム・ノビレ（*D. nobile*）を基にした交雑種　利 鉢物　葉 単葉・互生　HZ 10b

デ・ユキダルマ 'クイーン' *D.* Yukidaruma 'Queen'
花は純白色地に、唇弁の喉部に濃黒紫色の斑紋が入る。花径6〜7cm。花期は春。

デ・ボナンザ 'セト'
D. Bonanza 'Seto'

デ・ユートピア 'メッセンジャー'
D. Utopia 'Messenger'

デンファレ系デンドロビウム　*Dendrobium* Phalaenopsis Hybrids　【ラン科】

来 ニューギニア、オーストラリア原産のデンドロビウム・ビギッバム（*D. bigibbum*：異 *D. phalaenopsis*）を基にした交雑種　利 鉢物、切り花　葉 単葉・互生　HZ 11a

デ・エカポール 'パンダ' *D.* Ekapol 'Panda'　1花茎に5〜15花つく。花径は7cmほど。花弁の先が濃紅紫色になる。花期は不定。

デ・ブラナ・スイート
D. Burana Sweet

デ・タナイド・ストライプス
D. Thanaid Stripes

リードステム系エピデンドラム　reed-stem *Epidendrum*　【ラン科】

来 バルブを形成せず、細い茎が立ち上げるエ・ラディカンス（*E. radicans*）などを基にした交雑種。ラディカンス系とも総称　利 鉢物、切り花　葉 単葉・互生　HZ 11a

エ・ジョセフ・リー *E. Joseph Lii*　茎が長く伸び、肉厚の葉を互生する。ボール状に多数の花をつけ、花序の径は10cm以上になる。花色は濃赤色で、唇弁の基部は黄色。花期は不定。

オンシジウム類　*Oncidium* Alliance　【ラン科】

来 熱帯・亜熱帯アメリカに約800種分布するオンシジウム属とその近縁属との属間交雑種　利 鉢物、切り花　葉 単葉　HZ 11a

オ・オブリザタム *O. obryzatum*　コスタリカ〜コロンビア、ペルー原産。径2.5cmほどの小さな花が多数つく。花期は冬〜春。

オ・シャリー・ベビー *O. Sharry Baby*　チョコレート色の花に、チョコレート様の甘い芳香があるのが特徴。花期は冬〜春。

オンキデサ・アロハ・イワナガ × *Oncidesa* Aloha Iwanaga　オンシジウム属とゴメサ属（*Gomesa*）との属間交雑種。花期は冬〜春。

オンキデサ・タカ × *Oncidesa* Taka　花茎60〜80cmほどに伸び、分枝して、多数の花をつける。花径3.5cmほど。花期は初夏〜秋。

ミルトニア類　*Miltoniopsis* Alliance　【ラン科】

来 熱帯アメリカに約5種分布するミルトニオプシス属（*Miltoniopsis*）とその近縁属との属間交雑種 利 鉢物 葉 単葉 HZ 11a

ミ・ツェレ'バッセルファル'
Miltoniopsis Celle 'Wasserfall'
個体名'Wasserfall'はドイツ語で「滝」を意味し、特徴的な唇弁のしずく状の斑点に由来する。花期は春。

オドントグロッサム類　*Odontoglossum* Alliance　【ラン科】

来 熱帯アメリカに約140種分布するオドントグロッサム属とその近縁属との属間交雑種 利 鉢物 葉 単葉 HZ 11a

オンコステレ・ワイルドキャット
× *Oncostele* Wildcat
花茎は60cmになる。花は黄色地に赤茶色の斑点が入り、唇弁は白色で赤褐色の斑点が入る。花径4〜5cm。野生的な花色の強健品種。花期は冬〜初夏。

リカステ　*Lycaste* spp. & hybrids　【ラン科】

来 熱帯アメリカに約50種分布する野生種と交雑種 利 鉢物 葉 単葉 HZ 11a

リ・ボーリアエ *L.* Balliae
交雑親としてもよく使われる古典的銘花。特に、'メアリー・グラトリクス'は多数の良花を生んでいる。

パフィオペディラム　*Paphiopedilum* spp. & hybrids　【ラン科】

来 東南アジア、インド、インドネシア、中国南西部、ニューギニア、フィリピン、ソロモン諸島に約70種分布する野生種と交雑種　利 鉢物　葉 単葉　HZ 11a

パ・カローサム *P. callosum*
タイ、ベトナム南部原産。花茎は30〜40 cm、先に1まれに2花つける。花径は約10 cm。花期は夏。

パ・コロパキンギイ *P. kolopakingii*
ボルネオ原産。花茎は40〜70 cmで、6〜14花をつける。径は15〜20 cm。花期は春〜夏。

パ・ロスチャイルディアナム
P. rothschildianum　ボルネオ原産。花径は40〜60 cmで、2〜5花をつける。花径は15〜20 cm。花期は夏。

パ・ニュー・ディレクション 'ツクバ'
P. New Direction 'Tsukuba'　大輪の整形花。

ジゴペタラム　*Zygopetalum* spp. & hybrids　【ラン科】

来 熱帯アメリカに約15種分布する野生種と交雑種　利 鉢物　葉 単葉　HZ 11a

ジ・レッドベイル 'プリティー・アン'
Z. Redvale 'Pretty Ann'　花には強い芳香がある。花期は秋〜冬。

ファレノプシス　*Phalaenopsis* spp. & hybrids　【ラン科】

ラン

🌏 インド、フィリピン、中国南部〜オーストラリアに約60種分布する野生種と交雑種　利 鉢物　葉 単葉・互生　HZ 11a

フ・アマビリス *P. amabilis*　オーストラリア北部、ニューギニア、フィリピン原産。花径はアーチ状に伸び、長さ50cm以上になり、10〜20花につける。花径は7〜10cm。唇弁の先端に2本のひげ状突起がある。群れ飛ぶ蝶を連想させることから、本属をコチョウラン（胡蝶蘭）と総称。花期は冬〜春。近縁のドリティス属（*Doritis*）などは、近年統合される。

フ・ハッピーフェイス'タイダ' *P.* Happyface 'Taida'　花径に20〜30花つける。花径は5cmほど。花色は白色または淡桃色。

フ・リトル・マリー *P.* Little Mary　花茎に10〜20花をつける。花径は5cmほど。花色は桃色。小型多花の代表品種。

フ・ゴールデン・エンペラー *P.* Golden Emperor　長さ60〜80cmの花茎に10花以上つける。花径は8〜9cm。無点黄色花の銘花。

フ・レインボー・チップ'チップスター' *P.* Rainbow Chip 'Chipstar'　片親のフ・エクエストリス（*P. equestris*）に似る小型花品種。

バンダ類　*Vanda* Alliance 【ラン科】

来 熱帯アジアを中心に、インド〜インドネシアなどに約50種分布するバンダ属とその近縁属との属間交雑種　利 鉢物・切り花　葉 単葉・互生　HZ 11a

バ・セルレア *V. coerulea*　インド、ミャンマー、タイ、中国南部原産。葉の先端は斜めに切れ、2列に互生する。花茎は30〜60 cmほどで、6〜20花をつける。花径は7〜10 cm。花色は特徴ある淡〜濃紫色地に、濃色の網目模様が入る。青色系の交雑親として重要。花期は秋。

バ・トウキョウ・ブルー 'No.1' *V. Tokyo Blue* 'No.1'　片親のバ・セルレアの特徴を引き継ぐ美花。

バ・ミス・ジョアキン *V. Miss Joaquim*　シンガポールの国花として有名。ハワイではレイやコサージュとして利用される。

アスコセンダ・スク・スムラン・ビューティー × *Ascocenda Suk Sumran Beauty*　花つきがよい赤花品種。

モカラ・パンニー × *Mokara Pannee*　花つきがよい黄橙色品種で、切り花として輸入される。

ヘリコニア *Heliconia* ssp. 【オウムバナ科】

和 オウムバナ属 **英** false bird of paradise, wild plantain **原** 主として中央・南アメリカに、一部が南大西洋諸島、インドネシアに約100種以上 **利** 大型温室、輸入切り花 **花** 不定期 **葉** 単葉・互生 **HZ** 11a

花序 互生する苞から、小さな花をのぞかせる。

葉 葉はバナナ状、戸外では脈に沿って裂ける。

ヘ・ロストラタ *H. rostrata* ペルー〜アルゼンチン原産。高さ2m以上になる大型種。葉は長楕円形で、長さ60〜120cmほど。花序は30〜60cmで、下垂する。美しく色づく鳥のくちばし状の苞は長さ15cmほどで、中に小苞を持つ小さな花が数個ある。

ヘ・カルタケア *H. chartacea* ギアナ〜アマゾン流域原産。草丈4mほどの大型種。下垂する花序は1mほど。

ヘ・マリアエ *H. mariae* **英** beefsteak heliconia ベリーズ、グアテマラ〜南アメリカ北部原産。高さ4m以上になる大型種。

ヘ・ペンドゥラ *H. pendula* グアテマラ〜ペルー原産。草丈2mの大型種。下垂する花序は30〜45cm。

ヘ・ビハイ'ジャイアント・ロブスター・クロー' *H. bihai* 'Giant Lobster Claw' 中央・南アメリカ原産。大型種。

ヘ・カリバエア *H. caribaea* ジャマイカ、キューバ東部などの原産。草丈2～5m。苞色は赤、橙、黄。

ヘ・リングラタ'サザン・クロス' *H. lingulata* 'Southern Cross' ペルー～ボリビア原産。草丈2.5～3mの大型種。

ヘ・オルトトリカ'トリカラー' *H. ortotricha* 'Tricolor' コロンビア～ペルー原産。草丈1.5～1.8mの大型種。

ヘ・プシッタコルム *H. psittacorum* ブラジル東部～西インド諸島原産。草丈約1mの小型種。花序は直立する。

ヘ・ストリクタ'ドワーフ・ジャマイカン' *H. stricta* 'Dwarf Jamaican' ベネズエラ、スリナム～ボリビア原産。

ヘ・ワグネリアナ *H. wagneriana* ベリーズ、グアテマラ～コロンビア北部原産。草丈約4m。花序は約40cm。

カラテア　*Calathea* spp.　【クズウコン科】

原 メキシコ〜アルゼンチンに約300種 利 鉢物、一部が輸入切り花 花 不定期 葉 単葉 HZ 10b

カ・ブルレ-マルクシー
C. burle-marxii　ブラジル原産。花序はやや円柱形で、長さ約10cm、ロウ質の苞がらせん状につく。

カ・クロカタ *C. crocata*　ブラジル原産。明橙色の苞がらせん状につき、その腋に橙黄色の花を2〜3個つける。

カ・クロタリフェラ *C. crotalifera*　メキシコ、エクアドル、パナマ原産。2列に互生する黄色の苞はガラガラヘビに似る。

カ・レーセネリ *C. loeseneri*　ペルー、コロンビア、エクアドル、ボリビア原産。苞は白色地に周辺が桃色となり美しい。

ストロマンテ　*Stromanthe sanguinea*　【クズウコン科】

和 ウラベニショウ 原 ブラジル 利 鉢物 花 冬〜初夏 葉 単葉・互生 HZ 10a

葉は革質で光沢があり、表面は暗緑色、裏面は紫赤色。成株になると高芽より長さ30〜50cmの花茎を伸ばし、赤色の苞が目立つ花序をつける。花は白色で、小さく目立たない。和名は葉裏面の色に由来する。斑入り葉の園芸品種も知られる。

ストレリチア　*Strelitzia* spp.　【ゴクラクチョウカ科】

🈀ゴクラクチョウカ属　🈡 bird of paradise　🈐南アフリカに 4 ～ 5 種　🈔大型温室、鉢物、切り花　🈳単葉・2 列互生　HZ 10b

単子葉植物

ゴクラクチョウカ *S. reginae* 🈡 bird of paradise, crane flower　南アフリカ・ケープ州周辺原産。無茎で、高さ 1 ～ 1.5 m ほど。花茎の先に長さ 16 ～ 20 cm の舟状の苞が横向きにつき、中に数個の花をつける。花期は主に冬～夏。和名は美しい花をパプアニューギニアなどに生息するオオフウチョウ（別名：極楽鳥）に見立てた。

ゴクラクチョウカはさそり形花序（左）に花をつける。舟状の苞は緑色で上面縁が赤みを帯び、花は橙色の外花被片 3 枚と、青色の内花被片 1 枚からなる。カンナ状の葉（右）は長楕円形で、2 列互生し、葉身は長さ 45 cm ほど。

ス・ニコライ *S. nicolai* 🈡 bird of paradise tree　ナタール、南アフリカ・ケープ州北東部原産。高さ 10 m ほど。葉身は 1 m ほど、葉柄は 2 m ほどで、2 列に互生する（右）。花序は 2 ～ 5 個まとまってつく。苞は 45 cm ほどで、花被片は淡青色～白色。花期は主には春。

アンスリウム *Anthurium* spp. 【サトイモ科】

和 ベニウチワ属 英 flaming flower, tailflower 原 熱帯アメリカに約1000種以上 利 鉢花、輸入切り花 花 周年 葉 単葉・互生 HZ 10b

ア・アンドラエアナム *A. andraeanum* 和 オオベニウチワ 英 flamingo lily
コロンビア、エクアドル原産。朱赤色や白色などに色づく観賞部は仏炎苞と呼ばれ、ふつう長さ10～15cmほどで、エナメル質状の光沢がある。

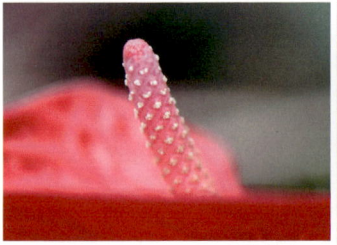

ア・アンドラエアヌムの肉穂花序。花は両性花で、小さく目立たない。写真は花粉を出しているところ。

ア・アムニコラ *A. amnicola* パナマ原産。仏炎苞は8～10cmで、淡紅紫色を帯び、芳香がある。

ア・シェルツェリアナム
A. scherzerianum コスタリカ原産。仏炎苞は長さ10～15cmほどで、光沢はなく、朱赤色、白色、ピンクに色づくほか、写真のような絞り模様が入るものもある。

スパティフィラム　*Spathiphyllum* spp.　【サトイモ科】

英 spathe flower　原 熱帯アメリカに約40種　利 鉢物　花 周年　葉 単葉　HZ 9b-10a

ス・コクレリアパタム *S. cochlearispathum*
メキシコ原産。本属中、最も大きく、高さ1.5m以上になる。仏炎苞は長さ15〜30cmで、最初は白色だが、やがて明るい黄緑色になる。芳香がある。

ス・カンニフォリウム
S. cannifolium　南アメリカ北部、トリニダード・トバゴ原産。高さ1mほど。

ス'マウナ・ロア' *S.* 'Mauna Loa'　高さ1mほどになる大型の園芸品種。

ス'メリー' *S.* 'Merry'　高さ50cmほど。日本で作出された園芸品種で、花つきがよい。

カラー　*Zantedeschia aethiopica*　【サトイモ科】

和 オランダカイウ　英 arum lily, calla lily　原 南アフリカ　利 切り花、鉢物　花 初夏〜冬　葉 単葉　HZ 9a-9b

湿地を好み、地下茎を持つ。葉は矢じり形で、基部が鞘状となる。花茎は1mほど。漏斗状の仏炎苞は長さ10〜25cm、白色で、基部はやや黄みを帯びる。

コスタス *Costus* spp. 【オオホザキアヤメ科（ショウガ科）】

和 フクジンソウ属 英 spiral flag, spiral ginger 原 熱帯～オーストラリアに約74種 利 大型温室、鉢花 花 主に春～夏 葉 単葉・互生 HZ 10a

コ・スペキオサス *C. speciosus* 和 フクジンソウ 英 Malay ginger, wild ginger　インド、東南アジア～ニューギニア原産。高さ3mほど。葉は楕円形で、長さ12～25cm。白色の花は楕円体の穂状花序につき、苞は赤色。

コ・クスピダタス *C. cuspidatus* 異 *C. igneus* 和 ベニバナフクジンソウ 英 fiery costus　ブラジル原産。高さ約50cm。花は橙黄色。苞は着色しない。

コ・バルバタス *C. barbatus* 英 spiral ginger　コスタリカ原産。高さ2mほど。美しい赤色の苞の間から黄色の花を咲かせる。

コ・マローティアナス *C. malortieanus* 異 *C. elegans*　ブラジル、コスタリカ原産。高さ50cmほど。花は黄色地に赤い条線。

タペイノキロス　*Tapeinochilos ananassae*　【オオホザキアヤメ科（ショウガ科）】

和 マツカサジンジャー　英 pineapple ginger　原 インドネシア東部、ニューギニア、オーストラリア北部　利 大型温室　花 早春～春　葉 単葉　HZ 11a

花序は徐々に伸びて円柱体になる。

長さ30～50cmの花茎は地面から直接生じ、先に松毬状の花序をつける。朱赤色の苞はロウ質で、光沢があり、苞の間から黄色の花をつける。英名は、パイナップル状に苞があつまることに由来する。

バービッジア　*Burbidgea schizocheila*　【ショウガ科】

英 golden brush, golden ginger　原 ボルネオ　利 鉢物　葉 単葉　HZ 10a

近年、鉢物として流通する。高さ30～50cm。楕円形の葉は長さ15cmほどで、裏面は赤みを帯びている。花弁は橙黄色で、3.5cmほど。写真は開花前の状態。

ハナシュクシャ　*Hedychium coronarium*　【ショウガ科】

英 butterfly lily, garland flower, white ginger　原 インド　利 花壇　花 夏～秋　葉 単葉・互生　HZ 9a

高さ1～2mになる。花は純白で甘い芳香があり、茎頂にまとまってつく。暖地では戸外で越冬できる。キューバの国花で、蝶を意味するMariposaの名で知られる。

アルピニア　*Alpinia* spp.　【ショウガ科】

🟥和 ハナミョウガ属　🟦英 ginger lily　🟥原 熱帯・亜熱帯・温帯暖地のアジア〜南太平洋諸島に約200種　🟥利 大型温室　🟥花 主に初夏〜秋　🟩葉 単葉・互生

ア・プルプラタの不定芽。

ゲットウ *A. zerumbet* HZ 10a

ア・プルプラタ *A. purpurata* 🟦英 red ginger　南太平洋諸島原産。高さ1〜4mになる。葉は70〜80cm。花序には赤色のよく目立つ苞があり、長期にわたり観賞価値がある。花は白色で、ほとんど目立たない。開花後、苞の間から不定芽（右上）を生じる。HZ 11a

クルクマ　*Curcuma* spp.　【ショウガ科】

🟦英 hidden lily　🟥原 熱帯アジアに約50種　🟥利 鉢物、切り花　🟥花 主に初夏〜秋　🟩葉 単葉・互生　HZ 9a-9b

ク・アリスマティフォリア *C. alismatifolia* 🟦英 Siam tulip　🟩流 クルクマ・シャローム　タイ北部原産。茎頂にピンク色などに色づく苞を持つ花序をつける。原産地では香辛料として利用する。地下に根茎があり、球根植物として扱われる。

ク・アリスマティフォリアの苞が白色品種。

ウコン *C. longa*　根茎はカレー粉の原料。

トーチジンジャー　*Etlingera elatior*　異：*Nicolaia elatior*　【ショウガ科】

英 torch ginger　原 マレー半島、インドネシア、タイ南部　利 大型温室　花 夏　葉 単葉・互生　HZ 11a

花は小さく、紅色に黄または白覆輪。

高さ2〜3m、ときに4mになる。葉は長さ80cmほど。花茎は高さ1.2〜1.5mで、先に直径15cmほどの花序をつける。苞は濃桃色に色づいて目立つ。英名は松明に似ていることに由来。

若い花序は苞に包まれ、香味料に利用。

グロッバ　*Globba* ssp.　【ショウガ科】

原 東南アジアに約35種　利 鉢物　花 夏〜秋　葉 単葉・互生　HZ 9a-9b

グ・ウィニティーの花。

グ・ションバーキー
G. schomburgkii

グ・ウィニティー *G. winitii*　タイ原産。高さ50〜100cm。下垂する花序には明るい赤紫色の苞があり、その腋に5〜7個の花をつける。花は黄金色。開花は夏だが、苞は晩秋まで美しい。地下に根茎があり、球根植物として扱われる。

ジンジャーの仲間　*Zingiber* spp.　【ショウガ科】

和 ショウガ属　**英** ginger　**原** 熱帯アジアを中心に約100種　**利** 大型温室　**花** 夏　**葉** 単葉・互生　**HZ** 10a

オオヤマショウガ
Z. spectabile マレーシア原産。花序が30cmと長い。

ハナショウガ *Z. zerumbet* インド、マレー半島原産。葉は長さ35cmほど。花茎は20〜45cmで、先に長さ10〜13cmのツクシの頭状の花序をつける。苞は当初は緑色で、やがて赤色になる。ショウガ（*Z. officinale*）の仲間で、根茎は香辛料、薬用に使用される。

タッカ　*Tacca* spp.　【タシロイモ科】

和 タシロイモ属　**原** 東南アジア、アフリカ西部に約10種　**利** 大型温室、鉢物　**花** 夏　**葉** 単葉　**HZ** 10a

タ・シャントリエリ *T. chantrieri* **英** devil flower, bat flower　タイ原産。葉は長さ50cmほど。花茎は60cmほどで、先にコウモリの翼のような黒栗色の苞を広げる。暗紫褐色の花は20数個がつき、径3〜4cmで、長さ30cmほどの糸状の不稔性花柄が垂れ下がる。

タ・インテグリフォリア *T. integrifolia* インド東部〜中国南部、スマトラ、ボルネオ、ジャワ西部原産。写真は苞が白色の'ニベア'。

コクリオステマ　*Cochliostema odoratissimum*　【ツユクサ科】

原 ニカラグア〜エクアドル 利 大型温室 花 秋 葉 単葉 HZ 10a

葉はロゼット状につき、長さ40〜100cmほど。葉と葉の間から長さ30〜50cmの花序を伸ばす。径4〜6cmほどの花を次々と咲かせる。花弁は青紫色で、房状の毛がある。

ディコリサンドラ　*Dichorisandra thyrsiflora*　【ツユクサ科】

英 blue ginger 原 ブラジル東南部 利 大型温室 花 秋〜冬 葉 単葉・互生 HZ 9b-10a

高さ1〜2m。葉はらせん状に互生する。茎頂に長さ20cmほどの花序を生じる。濃青紫色の花は径2cmほどで、密につけ、次々と約2か月にわたって開花する。

ブライダル・ベール　*Gibasis pellucida*　【ツユクサ科】

英 Tahitian bridal veil, bridal veil 原 メキシコ 利 鉢物 花 ほぼ周年 葉 単葉・互生 HZ 10a

茎は細く、匍匐する。葉は長さ3cmほどで、表面は暗緑色、裏面は暗赤紫色。白色の花は径6〜7mmで、昼に開いて夜は閉じる。観葉植物としてよく利用される。

エクメア　*Aechmea* spp.　【パイナップル科】

和 サンゴアナナス属　原 熱帯アメリカに182種　利 鉢物　花 冬　葉 単葉　HZ 10a

単子葉植物

エ・チャンティニー *A. chantinii*　コロンビア、ペルー、ブラジルなどの原産。花序の基部には赤橙色の苞が数枚つき、上部は分岐。

シマサンゴアナナス *A. fasciata*　ブラジル原産。桃赤色の苞をつける。花は円錐状に密生してつく。写真は斑入り品種'バリエガタ'。

エ・ガモセパラ *A. gamosepala*　ブラジル原産。長さ25 cmほどの円筒状の花序をつける。萼は桃色、花弁は青〜紫色。

エ・バイルバッヒー *A. weilbachii*　ブラジル原産。花序には赤色の舟形の苞をつける。萼は赤紫色、花弁は淡紫色。

エ・ミニアタ *A. miniata*　ブラジル原産。花序に100個以上の花をつける。萼は朱赤色で、4か月以上も美しい。花弁は青紫色。

ビルベルギア　*Billbergia* spp.　【パイナップル科】

和 ツツアナナス属　原 熱帯アメリカ、特にブラジル東部に62種　利 鉢物　花 夏〜秋　葉 単葉

単子葉植物

ヨウラクツツアナナス
B. nutans 英 friendship plant, queen's tears　ブラジル南部などの原産。花茎は30cmほどで下垂し、10〜15花をつける。HZ 9a

ベニフデツツアナナス
B. pyramidalis　ブラジル東部原産。苞は橙赤色。萼は淡紅色で、花弁は明橙赤色。写真は斑入り葉品種'バリエガタ'。HZ 10a

ビ'ファンタジア'
B. 'Fantasia'　鮮桃赤色の目立つ苞をつける。萼は桃赤色、花弁は青みを帯びる。HZ 10a

ニドゥラリウム　*Nidularium* spp.　【パイナップル科】

原 南アメリカ東部に50種　利 鉢物　花 夏〜秋　葉 単葉　HZ 10a

ニ・ビルベルギオイデス *N. billbergioides*　ブラジル東部・東南部原産。写真は苞が明黄色になる'キトリナム'。

ニ・インノセンティー *N. innocentii*　ブラジル東部・東南部原産。葉は縁がやや波状で、表面は緑色で、縁や基部は赤みを帯び、裏面は暗赤色。開花時には中央の苞が赤色に色づく。写真は葉に多数の白色条線が入る'リネアタム'。

71

グズマニア *Guzmania* spp. 【パイナップル科】

単子葉植物

原 熱帯アメリカに167種 利 鉢物 花 初夏～秋 葉 単葉 HZ 10a-10b

グ・リングラタ *G. lingulata* ベリーズ、西インド諸島～ブラジル原産。ロゼット状に開出する葉は長さ30～45cm。花茎は直立し、長さ30cmほど、先端に朱赤色に色づく葉状の苞に包まれた花序をつける。苞は長期間色あせず、観賞価値がある。

グ'マグニフィカ' *G.* 'Magnifica' グ・リングラタの変種間の交雑により作出。花茎は長さ15cmほどの小型品種。

グ・サングイネア *G. sanguinea* コスタリカ、コロンビア、エクアドルなどの原産。開花時に、葉が鮮赤色に色づく。

グ'ルビー' *G.* 'Ruby' 花茎に大型の苞が多数つき、赤紫色に色づいて美しい。このタイプの交雑品種が多数知られる。

ネオレゲリア　*Neoregelia* spp.　【パイナップル科】

原 熱帯・亜熱帯南アメリカに97種　利 鉢物　花 初夏〜秋　葉 単葉　HZ 10a-10b

単子葉植物

ネ・カロライナエ *N. carolinae* 裏 blushing bromeliad　ブラジル原産。葉は長さ40〜60cmほどで、光沢がある。開花時には、中央部の葉の基部が深赤色に色づく。写真は'トリカラー'で、葉に黄白色の縦縞が入り、よく栽培される。

ネ・コンケントリカ *N. concentrica*　ブラジル原産。葉は長さ約40cm。写真の'アルボマルギナタ'は、葉に白色覆輪や縦縞。

ネ'チャーム' *N.* 'Charm'　交雑品種。葉は光沢のある赤色で、明緑色の斑点が星のように入る。

ネ'ローズ・タトゥー' *N.* 'Rose Tattoo'　開花期には、中央部の葉が赤色になり、明緑色のかすり斑が入る。

ネ'セイラーズ・ウォーニング' *N.* 'Sailor's Warning'　葉が光沢のある褐赤色地に明緑色の斑が入る。

チランジア   *Tillandsia* spp. 【パイナップル科】

単子葉植物

原 熱帯アメリカに約480種 **利** 鉢物 **花** 主に初夏〜秋 **葉** 単葉 **HZ** 10a-10b

チ・ブルボサ *T. bulbosa* メキシコ〜ブラジルなどの原産。葉は湾曲する。苞は赤色、花弁は青〜紫色。

チ・イオナンタ *T. ionantha* メキシコ〜ニカラグア原産。

タテハナアナナス *T. cyanea* エクアドル、ペルー原産。桃赤色の苞が2列互生。

チ・ストリクタ *T. stricta* ベネズエラ〜パラグアイなどの原産。桃色の苞が密生。

チ・カプツ-メドゥサエ *T. caput-medusae* メキシコ、中央アメリカ原産。

チ・ストレプトフィラ *T. streptophylla* メキシコ南部〜ホンジュラス原産。高さ45cmになる。銀白色の葉の先は湾曲。花茎は直立し、花弁は紫色（右上）。

フリーセア *Vriesea* spp. 【パイナップル科】

原 熱帯アメリカに約230種 利 鉢物 花 主に秋～冬 葉 単葉 HZ 10a-10b

単子葉植物

トラフアナナス *V. splendens* 英 flaming sword　ベネズエラ北部、ガイアナ、トリニダード・トバゴ原産。葉は緑色地に黒紫色の横縞が入る。花茎は直立する。花序は長さ25～30 cmほどで、朱色の苞が2列に互生して、その腋に黄色の花が咲く。

インコアナナス
V. carinata 英 lobster claws　ブラジル東部原産。苞基部は赤色、先は黄色。

フ'レッド・キング'
V. 'Red King'　花序が5～6分枝し、苞は濃赤色。

フ'栄光' *V.* 'Eikou'
花序が3～4分枝し、苞は基部が橙赤色、先は橙黄色。

カンガルーポー（アニゴザントス） *Anigozanthos* spp. 【ハエモドルム科】

単子葉植物

英 kangaroo paw　原 オーストラリア南西部に11種　利 鉢物、輸入切り花
花 主に初夏〜秋　葉 単葉　HZ 9b-10a

ア・フミリス *A. humilis* 英 common cat's paw
花茎10〜50cmほどの小型種。花は長さ5cmほど。

ア・フラビドゥス *A. flavidus*
英 tall kangaroo paw　花茎の長さ1〜3m。

ア・マングルジー *A. manglesii* 英 red and green kangaroo paw　西オーストラリア州の州花。花茎は1mほど。長さ7〜8cmの花は緑色で、赤色の花茎との対比が美しい。

チユウキンレン *Musella lasiocarpa* 異：*Ensete lasiocarpum* 【バショウ科】

中 地湧金蓮　英 golden lotus banana, Chinese yellow banana　原 中国・雲南省南部、貴州省南部　利 大型温室、温暖地の花壇　花 夏　葉 単葉・互生　HZ 9b-10a

高さ約60cm。葉鞘基部が重なり合って茎状になる。黄色の苞の腋に花をつける。中国名は、黄金色の花序が地面から湧き出るように生じることに由来。

バナナの仲間（ムサ） *Musa* spp. 【バショウ科】

英 banana, plantain 原 東南アジア、オーストラリア北部に約40種 利 大型温室 花 主に春～夏 葉 単葉・互生 HZ 10a

単子葉植物

ヒメバショウ *M. coccinea* 別 ビジンショウ　中国南部～インドシナ半島原産。観賞用バナナの代表種で、高さ1mになる。葉は長さ75cmほど。頂生する花序には朱赤色の目立つ苞がある。日本には1681年に渡来。

ヒメバショウの花は黄色で、苞の腋から生じる。

ム・ベッカリー *M. beccarii*　ボルネオ原産。高さ3mほど。朱赤色の苞が美しい。

ム・ベルティナ *M. velutina* 英 pink banana　インド北東部原産。高さ1.5mほどになる小型の観賞用バナナ。ハスの蕾のような花序は直立し、桃色の苞をつける。開花後、桃色の5cmほどのバナナ状果実（右）をつけ、長く観賞できる。

77

クンシラン　*Clivia miniata*　【ヒガンバナ科】

原 南アフリカ・ナタール　利 鉢物・切り花　花 春　葉 単葉・互生　HZ 9b-10a

花は上向きに咲く。

花茎は40〜50 cmで、先に15〜20花をつける。花冠は漏斗形で、長さ7 cmほど、橙〜緋赤色。花色が黄色、白色のものも知られる。本種の和名はウケザキクンシランであるが、近縁種 *C. nobilis* の和名クンシランが用いられる。

葉に黄色の縦縞が入る。

アマゾンユリ　*Eucharis × grandiflora*　【ヒガンバナ科】

英 Amazon lily, star of Bethlehem　原 コロンビア　利 切り花、鉢物　花 冬〜春　葉 単葉　HZ 10a-10b

自然交雑種。葉身は卵形で、長さ30 cmほど、光沢がある。花茎は50 cmほどで、先に3〜6花をつける。純白の花は径6〜8 cmで、芳香がある。雄しべの花糸の基部が合着してカップ状の副花冠（右上）となる。

ヒメノカリス　*Hymenocallis* spp.　【ヒガンバナ科】

英 spider lily **原** アメリカ合衆国南東部（特に、フロリダ州）～南アメリカ北東部に約50種 **利** 大型温室 **花** 夏 **葉** 単葉 **HZ** 11b

ヒ・カリバエア *H. caribaea*　西インド諸島原産。葉は長さ60 cm、幅7.5 cmほどで、細長い。花茎は60 cmほどで、2～5花をつける。花被片は白色、10 cmほどで細長い。雄しべの基部が合着して膜状の副花冠（右上）となる。

ヒ・スペキオサ *H. speciosa*　西インド諸島原産。上種と似るが、葉幅は15 cmほど。

ヒ・スペキオサの葉（左）とヒ・カリバエアの葉（右）

センコウハナビ　*Scadoxus multiflorus*　異：*Haemanthus multiflorus*　【ヒガンバナ科】

原 熱帯・南アフリカ **利** 鉢物 **花** 春～夏 **葉** 単葉 **HZ** 9b-10a

地下に鱗茎を持つ球根植物。花茎は60～75 cmで、多数の緋色の花を径18 cmほどの球状につける。赤色の雄しべは花被片より長く、よく目立つ。

単子葉植物

アベルモスカス　*Abelmoschus moschatus* subsp. *tuberosus*　【アオイ科】

英 musk mallow, musk okra　流 アカバナワタ　原 インド　利 花壇、鉢物　花 夏～秋　葉 単葉・互生　HZ 9a-9b

オクラ(*A. esculentus*)の仲間。一年草として利用。高さ40～80cmほどになる。葉は掌状に3～5裂。花は径約6～10cmで、赤色、桃色、白色。種子にジャコウ様の芳香。

トックリキワタ　*Ceiba speciosa*　異：*Chorisia speciosa*　【アオイ科(パンヤ科)】

別 ヨッパライノキ　英 silk floss tree　原 ブラジル、アルゼンチン　利 大型温室　花 主に夏　葉 複葉・互生　HZ 10a

葉は掌状複葉。花は径10～12cmで、赤色、桃色、白色と変異がある。新葉の展開前に開花するが、温室内では葉がある状態で開花。スペイン語名 palo borracho は、酔っぱらいの木の意で、幹が酔っぱらいの腹を連想させるから。日本でもヨッパライノキと呼ばれる。

果実は長さ20cmほどで、中に綿に包まれた種子を含む。綿は良質で、枕などの詰め物に利用。

高さ15mほどになる落葉高木。幹は壺状に肥大し、ふつう短い刺が密生する。

アブチロン　*Abutilon* ssp.　【アオイ科】

英 flowering maple, Indian mallow, parlor maple 原 熱帯・亜熱帯および温帯温暖地に約160種 利 鉢物・大型温室 花 温度があればほぼ周年 葉 単葉・互生 HZ 9b

ア・ピクタム *A. pictum* 和 ショウジョウカ　中央・南アメリカ原産。写真は斑入り葉の'トンプソニー'で、キフアブチロンと呼ばれる。葉斑は、アブチロンモザイクウイルスによる。

ア・ミレリ *A.× milleri*　ア・ピクタムとウキツリボクとの交雑品種。写真は斑入り葉の'バリエガタム'。

アブチロン
A.× hybridum
英 Chinese lantern
高さ2mほどになる。花は広鐘形、径5cmほどで、赤、橙、サーモンピンク、黄、白など各色あり。写真は'サテン・ピンク・ベル'。

ウキツリボク　*Abutilon megapotamicum*　【アオイ科】

英 trailing abutilon 原 ブラジル 利 鉢物 花 初夏〜秋 葉 単葉・互生 HZ 9a

高さ1.5mほどになる。花は葉腋に単生し、径3cmほどで、垂れ下がる。萼は紅色、花冠は黄色。雄ずい筒は褐色で、花冠から突出する。斑入り葉の'バリエガタム'が知られる。

アニソドンテア　*Anisodontea capensis*　【アオイ科】

原 南アフリカ・ケープ州　利 鉢物、花壇　花 初夏〜秋　葉 単葉・互生　HZ 9b-10a

高さ1mほどになる。葉は掌状に浅く、または深く3〜5裂し、縁には鋸歯がある。花は径3mほどで、桃色地に濃色の脈が走る。花は1日花で、次々咲く。

ブルーハイビスカス　*Alyogyne huegelii*　【アオイ科】

英 lilac hibiscus　原 西オーストラリア　利 鉢物　花 初夏〜秋　葉 単葉・互生　HZ 10a

高さ2.5mになる。葉は掌状に5裂し、縁には鋸歯がある。花は径7cmほどで、淡青紫〜青紫色。1日花で、日の最後には花色が濃くなる。

ドンベヤ　*Dombeya wallichii*　【アオイ科（アオギリ科）】

英 pink ball tree, tropical hydrangea　原 アフリカ東部、マダガスカル　利 大型温室　花 冬〜早春　葉 単葉・互生　HZ 10b

高さ8mになる。葉は広卵形で、長さ16〜20cmほど、表面はざらざらしている。多くの花が径10〜15cmほどの球状にあつまる。花は径2.5cmほどで、濃桃色。

ハイビスカスの仲間（ヒビスカス）　*Hibiscus* ssp.　【アオイ科】

英 flowering maple, Indian mallow, parlor maple　原 熱帯・亜熱帯および温帯温暖地に約160種　利 鉢物・大型温室　花 温度があればほぼ周年　葉 単葉・互生　HZ 9b

ブッソウゲ *H. rosa-sinensis* 英 Chinese hibiscus, rose-of-China, China rose
原産地は不明。高さ2～5mになる。花は葉腋から単生し、径9～15cm。花色はふつう紅色だが、変異がある。本項で紹介するものは、いずれもハワイで作出されたハワイアン・ハイビスカス（p.84参照）の交雑親。

ヒ・アーノッティアヌス *H. arnottianus*
ハワイ・オアフ島原産。高さ8m。花は白色で、わずかな芳香。

ヒ・コキオ *H. kokio*　ハワイ諸島原産。花はやや小さく、径10cmで、橙色～深紅色。

ヒ・リリフロルス *H. liliflorus*　モーリシャス島、ロドリゲス島原産。ユリ形の花は径約5cm。花色は紅色、菫色、橙黄色など。

フウリンブッソウゲ *H. schizopetalus*
ケニア、タンザニア、モザンビーク北部原産。花弁に複雑に切り込みが入り、反り返る。

ハワイアン・ハイビスカス　*Hibiscus* cvs.　【アオイ科】

英 Hawaiian hibiscus　来 ハワイで20世紀初頭から本格的に育種が始まる
利 鉢物　花 温度があればほぼ周年　葉 単葉・互生　HZ 10a

'ベティー・イエロー' 'Betty Yellow'　ハワイ原産種のヒ・アーノッティアヌス、ヒ・コキオなどに、ブッソウゲやフウリンブッソウゲを交雑親にしてハワイで作出された大輪の園芸品種群を、特にハワイアン・ハイビスカスと総称する。

'クリンクル・レインボー' 'Crinkle Rainbow'　大輪の花は橙黄色地に、中央部が紅紫色。

'モット・スミス' 'Mott Smith'　大輪の花は明るい朱紅色。

'ペインテッド・レディー' 'Painted Lady'　花は濃赤色で、中央から白い脈状模様が入る。

'エル・カピトリオ' 'El Capitolio'　フウリンブッソウゲの血を引き継ぎ、コーラル系と総称される。

ハイビスカス・インスラリス　*Hibiscus insularis*　【アオイ科】

🇬🇧 Phillip Island hibiscus 原 ノーフォーク島、フィリップ島 利 温室 花 冬〜早春 葉 単葉・互生 HZ 10a

高さ2.5mほど。かつての自生地ノーフォーク島では、人間が持ち込んだヤギやブタなどの放牧により絶滅した。フィリップ島にわずかに残る株を保存し、ノーフォーク島に再導入が試みられている絶滅危惧種。花色は淡黄色で、基部は深紅色。

ローゼル　*Hibiscus sabdariffa*　【アオイ科】

🇬🇧 roselle, Indian sorrel, Jamaica sorrel 原 熱帯アフリカ 利 ハイビスカス・ティー、ジャム、切り花 花 秋 葉 単葉・互生 HZ 10a

高さ1〜2mほどの一年草〜低木。葉は無裂または3深裂。花は径8cmほど、淡黄色で、基部は暗赤色。萼と苞が発達して多汁化し、食用とする。

オオハマボウ　*Hibiscus tiliaceus*　【アオイ科】

別 ユウナ 🇬🇧 mahoe 原 日本の種子島、屋久島以南、琉球列島、旧世界熱帯の海浜地帯 利 大型温室 花 春〜秋 葉 単葉・互生 HZ 10a

高さ4〜8m。葉は広卵形。花は径10cmほどで、咲き始めは黄色で、夕刻になると赤変する。秋篠宮家第二女子・佳子内親王のお印としても知られる。

双子葉植物

85

ウナズキヒメフヨウ　*Malvaviscus arboreus* var. *mexicanus*　【アオイ科】

英 sleeping hibiscus, Turk's cap　原 メキシコ〜コロンビア　利 大型温室、鉢物　花 温度さえあれば周年　葉 単葉・互生　HZ 10a

高さ4mほど。花は長さ6cmほどで、下向きに咲き、花弁は十分に開かない。花色は朱赤色で、淡桃色もある。本属も下記のパボニア属も、新分類体系ではヒビスカス属に移されたが、種名が与えられていないので、本書では旧分類体系による。

パボニア　*Pavonia* ssp.　【アオイ科】

原 熱帯・亜熱帯に約150種　利 鉢物・温室　花 春〜秋　葉 単葉・互生

花弁と萼は濃紫色で目立たず、副萼が赤色で美しい。

パ・グレヒリー *P.* × *gledhillii*　交雑種。高さ2mほど。花は茎頂付近の葉腋に単生する。矮性品種'ケルメシナ'がよく栽培。HZ 10a-10b

ヤノネボンテンカ *P. hastate*　熱帯南アメリカ原産。HZ 8a-8b

ゴエテア　*Pavonia strictiflora*　異：*Goethea strictiflora*　【アオイ科】

原 ブラジル　利 大型温室、鉢物　花 温度さえあれば周年　葉 単葉・互生　HZ 10a-10b

高さ1mほど。花は2.5cmほどで、幹に直接生じる幹生花。旧属名 *Goethea* は、ドイツの詩人で、植物学に造詣の深かったゲーテに因み、園芸上はゴエテアと呼ばれる。

バーチェリア　*Burchellia bubaline*　異：*Burchellia capensis*　【アカネ科】

英 buffalo-horn, wild pomegranate　原 南アフリカ（1属1種）　利 温室、鉢物　花 春　葉 単葉・対生　HZ 10a

高さ1～3m。葉は長卵形で、長さ6～10cm。花は朱赤色で、茎頂に6～7花がまとまって咲く。花冠は管状で、長さ2.5cmほど、先は5裂する。

ハメリア　*Hamelia patens*　【アカネ科】

英 scarlet bush, fire bush, hummingbird bush　原 フロリダ州、西インド諸島、メキシコ、ボリビア、パラグアイ、ブラジル　利 温室、鉢物　花 夏　葉 単葉・対生　HZ 11a

高さ3mほど。葉は楕円形で、長さ15cmほど。橙色の花は管状で、長さ2cmほどと小さく、先は5裂する。ハチドリの仲間が訪れることで知られる。

アッサムニオイザクラ　*Luculia pinceana*　【アカネ科】

原 ネパール～中国・雲南省　利 温室、鉢物　花 秋～冬　葉 単葉・対生　HZ 10a

高さ3mほど。葉は卵形で、長さ15cmほど。花冠は高盆形で、径4cmほど、長さ5cmほどの花筒がある。花には芳香があり、桃色～白色。

サンタンカの仲間（イクソラ）　*Ixora* spp. & hybrids　【アカネ科】

和 サンタンカ属　**原** 熱帯に約560種　**利** 鉢物　**花** 春〜秋　**葉** 単葉・互生　**HZ** 10b

イ'サンキスト' *I.* 'Sunkist'　シンガポールで見い出され、恐らく交雑種。高さ1mほどと矮性で、熱帯圏では生け垣として多用。葉は長さ5〜10cmほどで、光沢がある。径2cmほどの花は橙色で、徐々に赤レンガ色に変化し、茎頂の散房花序につく。

イ'スーパー・キング' *I.* 'Super King'　イ・カセイ（*I. casei*）の交雑種と考えられる。花は濃赤色で、径25cmほどの大きな花序につく。花冠の筒部は3cmほどで、先は星形に4裂する。四季咲き性が強い。右は葉柄間托葉。

サンタンカ *I. chinensis*　中国、マレーシア、ベトナムなどの原産。高さ1〜2m。花冠裂片の先は丸い。花色は橙色など。

イ'バンコク・ビューティー' *I.* 'Bangkok Beauty'　花序の径が25cmほどになる。花色は橙黄色。

ムッサエンダ　*Mussaenda* ssp.　【アカネ科】

原 旧世界の熱帯に約160種　利 鉢物・大型温室　花 夏〜秋　葉 単葉・対生
HZ 10a

ヒゴロモコンロンカ *M. erythrophylla* 英 flame of the forest　熱帯アフリカ原産。高さ8mほど。葉は卵形で、長さ8〜12cm。花冠は漏斗形で、裂片内側は黄色または白色、先は5裂し、筒部は赤色。赤色の5萼片のうち、1裂片が花弁状に大きくなり、長さ5〜10cm。

コンロンカ *M. parviflora*　種子島以南から台湾原産。高さ1mほど。葉は長さ8〜13cm。花冠（右）は黄色。花弁状の萼裂片は広卵形で、長さ3〜4cmほど。

ム・ルテオラ *M. luteola* 和 ウスギコンロンカ 英 dwarf yellow mussaenda　コンロンカに似る。花冠がやや大きく、裂片は幅広く、淡黄色。

ム・フィリッピカ *M. philippica*　フィリピン、ニューギニア原産。写真は花弁状萼片が桃色八重の'クィーン・シルキット'。

双子葉植物

ペンタス　*Pentas lanceolata*　【アカネ科】

🈴クササンタンカ 英 Egyptian star cluster, star flower 原 イエメン〜アフリカ東部 利 鉢物、花壇 花 初夏〜秋 葉 単葉・対生 HZ 9b-10a

'ニュー・ルック・ピンク' 'New Look Pink'　ニュー・ルック・シリーズの矮性品種。花は頂生する散房花序につく。花冠は管状で、先は5裂し、径1.5cmほど。花柱は花冠から突出して、先は2裂。

'ニュー・ルック・レッド'　　　　'ニュー・ルック・バイオレット'

ロンドレティア　*Rondeletia odorata*　【アカネ科】

🈴ベニマツリ 英 fragrant Panama rose 原 キューバ、パナマ 利 鉢物 花 ほぼ周年 葉 単葉・対生 HZ 10b

高さ2〜3m。葉は卵形、長さ10cmほどで、表面はざらざらする。橙〜赤色の花は径1cmほどで、芳香があり、茎頂に10〜30花が散房花序につく。

フクシアの原種　*Fuchsia* ssp.　【アカバナ科】

英 lady's eardrops, ladies' eardrops **原** 中央・南アメリカ、タヒチ、ニュージーランドに 106 種 **利** 鉢物 **花** 主に春〜秋 **葉** 単葉・対生まれに互生、3 輪生 **HZ** 9b

フ・トリフィラ *F. triphylla*　カリブ海のイスパニョーラ島原産。高さ 0.3 〜 2 m になる低木。花は茎頂の総状花序につく。萼筒は長さ 3 cm ほど。花弁は 0.5 〜 1 cm。交雑親としても重要で、作成された交雑種はトリフィラ交雑種と総称される。

フ・マジェラニカ *F. magellanica*　チリ南部〜アルゼンチン原産。花は上部の葉腋に単生または 2 花つける。

フ・ボリビアナ *F. boliviana*　アルゼンチン北部〜ペルー原産。花は茎頂の総状花序につく。萼筒は 5 〜 6 cm。

フクシア　*Fuchsia × hybrida*　【アカバナ科】

来 1825年に最初の交雑記録がある　利 鉢物　花 主に春～秋　葉 単葉・対生まれに互生、3輪生　HZ 9b

'**ブードゥー**' 'Voodoo'　1953年にアメリカで作出される。花は中輪～大輪の八重咲き。萼筒、萼片はともに暗赤色、花弁は暗紫色。多花性で生育旺盛。スカート状に広がる萼片が愛らしい。

'**メアリー**' 'Mary'　よく知られるトリフィラ交雑種。一重咲きで、萼、花弁ともに鮮緋赤色。

'**マリン・グロー**' 'Marin Glow'　一重咲きで、萼は白色、花弁は明紫色で基部は桃色。強健品種。

双子葉植物

'ディスプレイ'
'Display' イギリスで1881年に作出された。一重咲きで、萼は桃赤色、花弁は紅桃色。

'マリンカ' 'Marinka'
枝は垂れ下がり、吊り鉢に適する。一重咲きの、強健な多花性品種。萼、花弁ともに赤色。

'ミーク・マーシング'
'Mieke Meursing' 花は小輪の一重咲き。萼は紅赤色で、花弁は淡桃色地に赤色の脈。

'ミス・カリフォルニア' 'Miss California'
花は中輪の半八重咲き。萼は桃色で、花弁は白色に桃色の脈。

'ロイヤル・ベルベット' 'Royal Velvet' 花は中～大輪の八重咲き。萼は深赤色、花弁は深紅色。

'スイングタイム'
'Swingtime' 花は中輪の八重咲き。萼は緋色、花弁は白色地に緋色の脈が入る。

'ティンカー・ベル'
'Tinker Bell' 品種名はピーター・パンに登場する妖精の名前。一重～半八重咲き。

'ヴィエーナ・ワルツ'
'Vienna Waltz' 花は八重咲き。萼は暗紫色、花弁は紫青色に桃色と赤色の斑。

'ウィンストン・チャーチル' 'Winston Churchill' 花は八重咲き。萼は桃色、花弁は紫青色に桃色の脈。

ルリマツリ　*Plumbago auriculata*　異：*Plumbago capensis*　【イソマツ科】

英 Cape leaderwort, plumbago　原 南アフリカ　利 鉢物、温暖地の花壇　花 春〜秋　葉 単葉・互生　HZ 9b

花冠は径 2.5 cm。

萼上部に腺がある。

高さ 1.5 m ほどになる低木。株の上部でよく分枝し、枝はやや垂れ下がる。葉は長楕円形で、長さ 5 cm ほど。花は茎頂の穂状花序につく。花は高盆形で、淡青色。白花品種も知られる。比較的耐寒性が強く、暖地では戸外で越冬する。

アキメネス　*Achimenes* cvs.　【イワタバコ科】

来 19 世紀中頃、ヨーロッパにおいて *A. longiflora*、*A. erecta* などを交雑親として作出　利 鉢物　花 夏〜秋　葉 単葉・対生まれに輪生　HZ 10a

'クイック・ステップ'

'イエロー・ビューティー'

アキメネス属は熱帯アメリカに 23 種が分布する。地下に特徴あるマツカサ状の根茎がある球根植物。写真は'ブルー・スパーク'（'Blue Spark'）で、花は青みを帯びた白色地に青紫色の斑点が入り、コンパクトに育つ矮性品種。

エピスシア　*Episcia* cvs.　【イワタバコ科】

来 *E. cupreata*、*E. reptans* の選抜または交雑により作出　利 鉢物　花 夏～秋　葉 単葉・対生　HZ 11b

エピスシア属は熱帯アメリカに9種が分布する。エ・クプレアタ（*E. cupreata*）やエ・レプタンス（*E. reptans*）は変異が著しく、採集品に園芸品種名を付けて流通しているものや、両種の交雑によるものもあり、判別困難なため、特に区別せず流通している。

'ピンク・ブロケード'
'Pink Brocade'　葉の中央が淡緑色で、その外側が乳白色になり、縁は桃色覆輪。花は赤色。

'フロスティ' 'Frosty'　葉は鮮緑色地に葉脈が銀白色。花は赤色。

'チョコレート・ソルジャー'
'Chocolate Soldier'　葉は褐緑色地に中央部が銀白色となる。花は赤色。

コーレリア　*Kohleria* spp. & cvs.　【イワタバコ科】

原 熱帯アメリカに35種　**利** 鉢物　**花** 秋～初冬　**葉** 単葉・対生まれに輪生　**HZ** 10a-10b

コ'ロングウッド' *K.* 'Longwood'

コ'タネ' *K.* 'Tane'

コーレリア・アマビリス変種ボゴテンシス *Kohleria amabilis* var. *bogotensis* **異** *Kohleria bogotensis*　コロンビア原産。地下に特徴ある松かさ状の根茎がある球根植物。茎や葉に毛を生じ、ベルベット状。花は長さ3cmほどで、茎上部の葉腋に単生または2花つく。

ネマタンサス　*Nematanthus* spp. & cvs.　【イワタバコ科】

原 南アメリカに30種　**利** 鉢物　**花** ほぼ周年　**葉** 単葉・対生　**HZ** 10b

ネ'ビジョウ' *N.* 'Bijou'

ネ'リオ' *N.* 'Rio'

ネ・グレガリウス *N. gregarius* **異** *N. radicans, Hypocyrta radicans* **英** clog plant, guppy plant, goldfish plant　南アメリカ東部原産。茎は直立またはやや垂れ下がる。葉は楕円形で、光沢のある濃緑色。花は茎上部の葉腋に単生する。花冠の基部は壺状に膨らみ、先はくびれて5裂する。

セントポーリア *Saintpaulia* spp. & cvs. 【イワタバコ科】

原 熱帯東アフリカに6種（以前は、約20種とされたが、整理された）
利 鉢物 花 ほぼ周年 葉 単葉 HZ 11b

双子葉植物

セ・イオナンタ *S. ionantha* 英 African violet, Usambara violet ケニア、タンザニア沿岸部。葉がロゼット状につく、小型の多年草。1892年に採集した種子をもとに最初に記載され、セントポーリア属が新設されたが、その後、セ・コンフサ（*S. confusa*）が混じっていたことが明らかになった。

セ・コンフサ *S. confusa* タンザニア原産。セ・イオナンタと混合状態で持ち込まれ、多くの園芸品種を生む源となる。

セ'ブルー・ボーイ' *S.* 'Blue Boy' 1927年、アメリカで最初に交雑により作出された10品種のひとつ。

セ'オプティマラ・チコ' *S.* 'Optimara Chico' 営利栽培を目的として育成されたオプティマラ系の1品種。

セ'オプティマラ・トラディション' *S.* 'Optimara Tradition' オプティマラ系の斑入り葉品種。

ジニンギア　　*Sinningia* ssp.　【イワタバコ科】

原 熱帯アメリカに60種、特にブラジル東部・南部　**利** 鉢物　**花** 主に春〜秋　**葉** 単葉・対生　**HZ** 9b-10a

ジ・カネスケンス *S. canescens*

ジ・カルディナリス *S. cardinalis*

ジ・スペキオサ *S. speciosa* **異** *Gloxinia speciosa* **英** Brazilian gloxinia　ブラジル原産。地下に塊茎を持つ球根植物。温室植物として栽培されるグロキシニア園芸品種群（下記参照）の成立に関与した原種。園芸品種に対し、花はラッパ状で、やや下向きに咲く。

グロキシニア　　*Sinningia speciosa* cvs.　【イワタバコ科】

英 florist gloxinia, gloxinia　**来** ヨーロッパにおいて、ジ・スペキオサ（*S. speciosa*）をもとに作出　**利** 鉢物　**花** 夏〜秋　**葉** 単葉・対生　**HZ** 9b-10a

原種となるジ・スペキオサ（*S. speciosa*）の花色は紫紅色であったが、育種により園芸品種は濃赤、紫、ピンク、白の他、覆輪や斑点が入る。花は鐘形で、径5〜8 cm、上向きに咲く。写真は'レッド・ウィズ・ホワイト・エッジ'（'Red with White Edge'）。

'トゥルー・ブルー・ウィズ・ホワイト・スロート' 'True Blue with White Throat'

'グレゴル・メンデル' 'Gregor Mendel'

シーマニア　*Seemannia sylvatica*　異：*Gloxinia sylvatica*　【イワタバコ科】

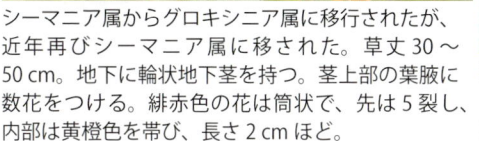

英 Bolivian Sunset Gloxinia　原 ペルー、ボリビアなどの南アメリカ　利 鉢物　花 秋～冬　葉 単葉・対生　HZ 9b-10a

口を開ける金魚にも似る

シーマニア属からグロキシニア属に移行されたが、近年再びシーマニア属に移された。草丈 30～50 cm。地下に輪状地下茎を持つ。茎上部の葉腋に数花をつける。緋赤色の花は筒状で、先は 5 裂し、内部は黄橙色を帯び、長さ 2 cm ほど。

近縁種シ・ネマタントデス
S. nematanthodes

スミシアンサ　*Smithiantha* spp. & cvs.　【イワタバコ科】

原 メキシコ、グアテマラに 7 種　利 鉢物　花 秋～冬　葉 単葉・対生　HZ 10a

ス'スペックルド・サーモン'
S. 'Speckled Salmon'

ス・ゼブリナ *S. zebrine*　地下に鱗茎を持つ球根植物。全株に軟毛を生じる。葉はビロード状の暗緑色で、赤紫色～赤褐色の模様が入る。花は頂生の総状花序につく。緋色の花は筒状で、先は広がり、内部は黄色地に赤色の条斑が入る。

ストレプトカーパスの仲間　*Streptocarpus* spp. & hybrids　【イワタバコ科】

原 熱帯・南アフリカ、マダガスカルに130種　**利** 鉢物　**花** 主に春〜秋　**葉** 単葉　**HZ** 10b

ストレプトカーパス *S.* × *hybridus* **英** florist's streptocarpus　ス・レクシー（*S. rexii*）などを交雑親として作出された。茎はなく（無茎種）、多数の葉がロゼット状につく。写真は初期作出品種'ブルー・ニンフ'（'Blue Nymph'）。

ス・レクシー *S. rexii* 南アフリカ原産。

ス・ヴェンドランディー *S. wendlandii* 南アフリカ原産。子葉の1枚が退化し、残り1枚のみが大きくなる。

花に紫色の条斑が入る園芸品種。

ス'コンコード・ブルー' *S.* 'Concord Blue' 有茎の園芸品種。吊り鉢でよく栽培される。

ス・カウレスケンス・パレスケンス *S. caulescens* var. *pallescens* タンザニア、ケニア原産。有茎種。

オクナ　*Ochna* ssp.　【オクナ科】

英 bird's eye bush　原 旧世界の熱帯に86種　利 鉢物　花 春～夏　葉 単葉・互生　HZ 9b

オ・カーキー
O. kirkii　熱帯アフリカ原産。

オ・カーキーの花

オ・セルラタ *O. serrulata* 英 Mickey-mouse plant, bird's eye bush 流 ミッキーマウスノキ　南アフリカ原産。高さ2mほどの低木。花は黄色で、径3cmほど。果実は石果で、肥大して赤くなった花床につく。英名は黒色の石果から、ミッキーマウスの顔や耳を連想することによる。

コダチダリア　*Dahlia excelsa*　異：*Dahlia imperialis*　【キク科】

英 tree dahlia 流 皇帝ダリア 原 グアテマラ～コロンビア 利 花壇 花 秋～初冬 葉 複葉・対生 HZ 9b-10a

頭花には長い花柄がある。皇帝ダリアの名で流通

高さ4～6mになる多年草。地下に塊根がある球根植物。葉は長さ60cmほどで、2～3回複葉。頭花（頭状花序）は直径25～30cmほどで、淡桃色。極端な短日植物で、秋深くならないと開花しない。霜には弱いので、降霜期までが観賞期となる。

双子葉植物

アンゲロニア　　*Angelonia angustifolia*　【オオバコ科（ゴマノハグサ科）】

原 メキシコ、西インド諸島　利 花壇　花 初夏〜秋　葉 単葉・対生　HZ 9b-10a

高さ25〜30cmの多年草。花は茎上部の葉腋に単生する。花冠は2唇形で、先が5裂。矮性のセレナ・シリーズが知られ、桃、紫、青紫、白色がある。写真は'セレナ・ブルー'。

ラッセリア　　*Russelia equisetiformis*　【オオバコ科（ゴマノハグサ科）】

英 coral plant, firecracker plant, fountain plant　原 メキシコ　利 花壇、大型温室　花 温度があればほぼ周年　葉 ほとんど鱗片状に退化　HZ 10a

高さ50〜150cmになる低木。4稜形の茎は緑色で細く、弓状に下垂する。葉はほとんどが鱗片状に退化。花は葉腋に単生し、集散花序をつくる。花冠は筒状で、長さ2.5cm、緋赤色。

オタカンサス　　*Otacanthus caeruleus*　【オオバコ科（ゴマノハグサ科）】

英 Brazilian snapdragon, Amazon blue　流 ブルー・キャッツアイ　原 ブラジル　利 鉢物　花 夏〜冬　葉 単葉・対生　HZ 10b

高さ50〜100cmになる低木。花は茎上部の葉腋に単生する。青紫色の花は2唇形で、上下に大きく開く特徴的な花形となり、筒部は2.5cmほど。

アフェランドラ　*Aphelandra* ssp.　【キツネノマゴ科】

原 熱帯アメリカに 175 種　**利** 鉢物　**葉** 単葉・互生　**HZ** 10b

双子葉植物

苞腋に黄色の花をつける。

ア・スクアロサ *A. squarrosa* 英 zebra plant, saffron plant　ブラジル原産。高さ 50 cm ほどの低木。葉は長さ 25 〜 30 cm で、光沢ある緑色に脈に沿って白色になる。直立する長さ 20 cm ほどの花穂に黄色〜橙黄色の苞がつく。開花期は主に秋〜冬。写真は'ダニア'。

ア・シンクレリアナ
A. sinclairiana　中央アメリカ原産。高さ 3 m ほどになる低木。緋赤色の苞は丸く、重なり合って円柱状になる。開花期は冬〜春。

ア・オーランティアカ *A. aurantiaca* 英 orange aphelandra　メキシコ、コロンビア原産。直立する長さ 18 cm ほどの花穂に淡緑黄色の苞がつく。花は緋赤色。開花期は冬〜春。

103

バーレリア・レペンス　*Barleria repens*　【キツネノマゴ科】

英 coral creeper　**原** 熱帯東アフリカ　**利** 温室　**花** ほぼ周年　**葉** 単葉・対生　**HZ** 10b

匍匐性の低木。葉は倒卵形で、長さ3〜5cm。花は茎上部の葉腋に単生する。花冠の先は5裂して2唇形となり、橙赤色で、径3.5cmほど。

クロッサンドラ　*Crossandra* ssp.　【キツネノマゴ科】

原 熱帯アフリカ・アジア、アラビア、マダガスカルに約50種　**利** 鉢物　**花** ほぼ周年　**葉** 単葉・対生　**HZ** 10b

ク・インフンディブリフォルミス *C. infundibuliformis* **和** ヘリトリオシベ、ジョウゴバナ **英** firecracker flower
インド南部、スリランカ原産。茎上部の葉腋から直立する花序を生じる。花冠の先は5裂して2唇形となり、明橙色〜黄橙色、橙桃色で、径3cmほど。写真は'オレンジ・マーマレード'。

ク・プンゲンス
C. pungens　熱帯アフリカ原産。葉は倒披針形で、長さ12〜18cm、濃緑色地に脈に沿って銀白色になる。花冠の先は5裂して2唇形となり、淡黄橙色。

エランテマム・プルケルム　*Eranthemum pulchellum*　【キツノネマゴ科】

和 ルリハナガサ　英 blue sage　原 インド　利 温室　花 冬　葉 単葉・対生　HZ 11a

双子葉植物

高さ 1m ほどになる低木。葉は楕円形で、長さ 10〜20 cm。茎上部の葉腋から短い花柄を持つ花序を出す。花冠は先が 5 裂し、青紫色、径 2〜2.5 cm。

コエビソウ　*Justicia brandegeeana*　異：*Beloperone guttata*　【キツノネマゴ科】

英 Mexican shrimp plant, shrimp plant　原 メキシコ　利 花壇、温室、鉢物、切り花　花 ほぼ周年　葉 単葉・対生　HZ 9b

高さ 1 cm ほどになる低木。茎頂にやや垂れ下がる穂状花序をつける。苞は成熟すると赤褐色になり、重なり合ってつく。花は筒状で、2 唇形となる。

花は白色で、喉部に紫斑点が入り、苞から突き出して咲く。

'**イエロー・クイーン**'

サンゴバナ　*Justicia carnea*　異：*Jacobinia carnea*　【キツネノマゴ科】

英 Brazilian plume flower, flamingo flower, paradise plant, king's crown 原 南アメリカ北部 利 温室、鉢物 花 ほぼ周年 葉 単葉・対生 HZ 10a

高さ2mほどの低木。茎頂に直立した密に集まる長さ10〜15cmの穂状花序をつける。濃桃赤色の花冠は長さ5cmほどで、唇形、下唇裂片は反転する。

ジャスティシア・オーレア　*Justicia aurea*　異：*Jacobinia aurea*　【キツネノマゴ科】

英 yellow jacobinia 原 メキシコ〜中央アメリカ 利 温室 花 夏〜秋 葉 単葉・対生 HZ 10a

高さ1.5〜2.5cmになる低木。茎頂に直立した密に集まる長さ20〜30cmの穂状花序をつける。濃黄色の花冠は長さ5〜6cm、唇形。

ジャスティシア・フロリバンダ　*Justicia floribunda*　異：*Jacobinia pauciflora, Justicia rizzinii*　【キツネノマゴ科】

原 ブラジル 利 温室 花 冬〜春 葉 単葉・対生 HZ 10a

高さ60〜100cmになる低木。花は茎上部の葉腋に単生し、斜め下向きに咲く。花冠は筒状で、長さ2〜2.5cm、先は黄色、基部は橙赤色。

ディクリプテラ　*Dicliptera sericea*　異：*Dicliptera suberecta*　【キツネノマゴ科】

原 ウルグアイ　**利** 温室、花壇　**花** 初夏〜秋　**葉** 単葉・対生　**HZ** 9a

高さ50cmほどの多年草。全株に灰白色のビロード状軟毛を生じる。花は茎上部の葉腋から生じる集散花序につく。花冠は筒状で、長さ4cmほど。

メガスケパスマ　*Megaskepasma erythrochlamys*　【キツネノマゴ科】

英 Brazilian red cloak, red justicia　**原** ベネズエラ（1属1種）　**利** 大型温室　**花** 冬〜春　**葉** 単葉・対生　**HZ** 10b

高さ3mほどになる低木。茎頂に長さ30cmほどの穂状花序をつける。苞は深紅色で、長期間色づいて美しい。

オドントネマ　*Odontonema tubaeforme*　異：*Odontonema strictum*　【キツネノマゴ科】

原 メキシコ、中央アメリカ　**利** 大型温室　**花** 秋〜冬　**葉** 単葉・対生　**HZ** 10a

高さ2mほどになる低木。茎頂に直立する円錐花序をつける。鮮赤色の花冠は筒状で、先は2唇状に5裂する。蕾から色づき、美しい。

双子葉植物

パキスタキス　*Pachystachys* ssp.　【キツネノマゴ科】

原 熱帯アメリカに11種　**利** 鉢物、花壇、温室　**花** ほぼ周年　**葉** 単葉・互生　**HZ** 10b

パ・ルテア *P. lutea* **英** lollipop plant, golden shrimp plant　ペルー原産。高さ1mほどになる低木。茎頂に直立する長さ10cmほどの穂状花序をつける。花序には濃黄色の苞が4列に密生する。寄せ植えなどガーデニングにも多用される。

苞は長期間色づいて美しい。

白色の花冠は唇形で、短命。

パ・コッキネア *P. coccinea* **和** ベニサンゴバナ **英** cardinal's guard　南アメリカ北部原産。

プセウデランテマム　*Pseuderanthemum* ssp.　【キツネノマゴ科】

原 熱帯に60種　**利** 鉢物、温室　**花** ほぼ周年　**葉** 単葉・互生　**HZ** 10b

双子葉植物

プ・ラクシフロラム *P. laxiflorum* 英 shooting star, star flower, purple false erantheum　フィジー諸島原産。高さ50〜100 cmの亜低木。花は頂生または腋生の集散花序に数花つける。花冠は5裂し、星形に広がり、濃紫赤色。

プ・カルターシー・レチクラタム *P. carruthersii* var. *reticulatum* 異 *P. reticulatum* 英 yellow-vein eranthemum, golden pseuderanthemum　ニューカレドニア、バヌアツ原産。葉脈が黄色となり、美しい。花は白色で、径2.5 cm。

プ・アラタム *P. alatum* 英 chocolate plant　メキシコ、中央アメリカ原産。高さ15〜20 cmほどの多年草。葉はロゼット状に広がり、銅褐色地に主脈を中心に葉脈に沿って銀灰色の小斑が入る。花は総状花序につく。

109

リュエリア　*Ruellia* ssp.　【キツネノマゴ科】

原 北アメリカの熱帯および温暖地に 150 種　利 鉢物、温室　葉 単葉・互生

リ・マクランタ *R. macrantha* 英
Christmas pride　ブラジル原産。低木。開花期は冬～春。HZ 10b

リ・シンプレックス *R. simplex* 異
R. brittoniana　メキシコ原産。低木。開花期は晩夏～冬。HZ 9b-10a

リ・カルタケア *R. chartacea* 異
R. colorata　コロンビア南部などの原産。開花期は冬～春。HZ 10b

リ・ブレビフォリア *R. brevifolia* 異
R. graecizans　南アメリカ原産。ほぼ周年開花。HZ 10b

ルッティア　*Ruttya fruticosa*　【キツネノマゴ科】

英 rabbit ears, orange bird, hummingbird plant　原 東アフリカ　利 鉢物、温室　花 冬～春　葉 単葉・対生　HZ 10b

高さ 3 m ほどになる低木。花は茎頂の穂状花序につく。唇形の花冠は長さ 5 cm ほどで、上唇が直立し、橙赤色または黄色で、暗褐色の斑紋が入る。

サンケジア　*Sanchezia speciosa*　【キツネノマゴ科】

英 fire fingers **原** エクアドル、ペルー **利** 鉢物、温室 **花** 冬～春 **葉** 単葉・対生 **HZ** 10b

高さ2mほどになる低木。葉は長楕円形で、長さ20～30cm、濃緑色地に脈に沿って黄色または白色になる。花は頂生の穂状花序につく。橙黄色の花冠は筒状で、長さ5cmほど。

ストロビランテス・アニソフィラ　*Strobilanthes anisophylla*　【キツネノマゴ科】

英 goldfussia **原** インドのアッサム地方 **利** 鉢物、温室 **花** 冬～初夏 **葉** 単葉・対生 **HZ** 10b

高さ60～90cmの亜低木。対生する葉の一方は、小さいか、退化してなくなる。花は葉腋に数個つける。淡紫赤色の花冠は筒状で、長さ2.5～3cm。

チャイニーズ・レイン・ベル　*Strobilanthes hamiltoniana*　異：*Diflugossa colorata*　【キツネノマゴ科】

英 Chinese rain bell, Assam indigo **原** ヒマラヤ、ミャンマー、タイ **利** 温室 **花** 秋～春 **葉** 単葉・対生 **HZ** 11a

高さ1.5mほどになる低木。花はよく分枝する花序につき、下向きに咲く。赤紫色の花は光沢があり、筒状で、長さ4cmほど。

双子葉植物

ツンベルギア　*Thunbergia* spp.　【キツネノマゴ科】

英 clock vine　原 南・熱帯アフリカ、マガダスカル、熱帯アジアに約100種　利 鉢物または温室　花 主として早春〜秋　葉 単葉・対生　HZ 10a
→ p.23 参照

ツ・フォゲリアナ
T. vogeliana　熱帯西アフリカ

ツ・ナタレンシス
T. natalensis　南アフリカ

ツ・エレクタ *T. erecta* 和 コダチヤハズカズラ 英 bush clock vine, king's-mantle　熱帯西・南アフリカ原産。高さ2mほどになる低木。花は葉腋に単生する。花径は7cmほど、筒部は長さ7cmほど。花冠裂片は青紫色で、筒部は白色。花色が白色の園芸品種もある。

アデニウム　*Adenium obesum*　【キョウチクトウ科】

英 desert rose, sabi star, mock azalea, impala lily　原 東アフリカ〜アラビア南部　利 鉢物　花 初夏〜秋　葉 単葉・互生　HZ 10b

花冠喉部に微軟毛がある

茎の基部は壺状に膨らむ

高さ1〜3mになる低木。多肉植物としても扱われる。葉は濃緑色で光沢がある。花は頂生の密な集散花序につく。花冠は先が5裂し、径5〜7cm、桃赤色で、喉部は淡桃色。熱帯圏では庭園などによく植えられる。

アラマンダ　*Allamanda* spp.　【キョウチクトウ科】

原 熱帯アメリカに約14種 利 温室、鉢物 花 夏～秋 葉 単葉・対生まれに輪生 HZ 10a　→p.24参照

ア・ブランケティー
A. blanchetii
異 *A. violacea* 英 cherry allamanda, purple allamanda
南アメリカ原産。細い枝をややつる状に伸ばす。花冠は漏斗形で、赤紫色、喉部は濃色になる。

ア・スコッティー
A. schottii
異 *A. neriifolia*
英 bush allamanda
南アメリカ原産。花冠は漏斗形で、黄色、喉部は濃色になる。

トウワタ　*Asclepias curassavica*　【キョウチクトウ科（ガガイモ科）】

英 Mexican butterfly weed, blood-flower, scarlet milkweed, swallow wort 原 南アメリカ 利 鉢物、花壇 花 春～秋 葉 単葉・対生 HZ 9a

高さ1mほどになる草本。花は頂生または腋生の集散花序につく。熱帯各地に雑草化している。花色はふつう濃橙赤色で、黄色、白色のものもある。

双子葉植物

113

カロトロピス　*Calotropis gigantea*　【キョウチクトウ科（ガガイモ科）】

英 giant milkweed, bowstring hemp, crown flower, swallow wort 原 インド〜インドネシア 利 温室 花 夏〜秋 葉 単葉・対生 HZ 10b

高さ 5 m ほどになる。枝や下葉表面に白色軟毛を生じる。葉は倒卵形、長さ 12 〜 24 cm。花冠は径 3 〜 5 cm、先は 5 裂して反転する。花色は淡紫色。

ミフクラギの仲間（ケルベラ）　*Cerbera* ssp.　【キョウチクトウ科】

原 熱帯アジア、マダガスカル、セーシェル、オーストラリア、太平洋諸島西部の、多くは海岸沿いに 4 種 利 大型温室、鉢物（実生苗） 花 冬〜春 葉 単葉・互生 HZ 10a

果実は径 4 〜 6 cm、多くは楕円体。

ミフクラギ *C. manghas* 別 オキナワキョウチクトウ 英 Sea Mango　セーシェル〜太平洋諸島原産。高さ 6 m。白色の花冠は径約 5 cm。種子は有毒。

果実は径 6 〜 12 cm、球体。

オオミフクラギ *C. odollam* 英 suicide tree, pong-pong　インド〜大西洋諸島原産。高さ 10 〜 16 m。種子は有毒。

プルメリア *Plumeria* ssp. 【キョウチクトウ科】

原 熱帯アメリカに8種 利 大型温室、鉢物 花 春～秋 葉 単葉・互生 HZ10a

プ・ルブラ *P. rubra* 英 red frangipani, common frangipani, temple tree　メキシコ～パナマ原産。高さ7mほど。花には芳香がある。多くの園芸品種があり、花色は赤、桃、黄、白など。ハワイではレイに利用。

'**モーブ・ビューティー**'

葉の先端は鈍頭～凹頭。

プ・オブツサ *P. obtuse* 英 Singapore plumeria 大アンティル諸島、中央アメリカ北部、メキシコ南部原産。芳香のある花は白色で、喉部は黄色、径7cmほど。

プ・プディカ *P. pudica* パナマ、コロンビア、ベネズエラ原産。葉は特徴あるスプーン形。花は白色で、喉部が黄色、径7～8cm。

双子葉植物

サンユウカ　*Tabernaemontana divaricata*　異：*Ervatamia coronaria*　【キョウチクトウ科】

英 Adam's apple, crape gardenia, carnation of India, crape jasmine, Indian rosebay　原 インド北部〜中国・雲南省、タイ北部　利 鉢物、温室　花 温度があればほぼ周年　葉 単葉・対生　HZ 10a

サンユウカ
T. divaricata
クチナシ（*Gardenia jasminoides*）に似ている。

ヤエサンユウカ *T. divaricata* 'Flore Pleno'　英 butterfly gardenia　高さ2mほど。八重咲きの園芸品種。花は白色で、径5cm、夜間に芳香を放つ。

葉は緑色で、光沢がある。　　　　斑入り葉品種。

キバナキョウチクトウ　*Thevetia peruviana*　異：*Cascabela thevetia*　【キョウチクトウ科】

英 be-still tree, yellow oleander, lucky nut　原 熱帯アメリカ　利 温室　花 温度があればほぼ周年　葉 単葉・互生　HZ 10a

高さ8mほどになる。葉は線形で、光沢があり、長さ15cmほど、中央脈が目立つ。花には芳香があり、黄色、ときに橙黄色〜黄桃色、径3〜4cm。

コプシア　*Kopsia fruticosa*　【キョウチクトウ科】

英 shrub vinca, pink kopsia, pink gardenia　原 マレー半島　利 温室　花 初夏〜秋　葉 単葉・対生　HZ 11a

高さ6mほどになる。葉は楕円形〜楕円状披針形で、光沢があり、長さ10〜20cm。花冠は高盆形で、先は5裂し、径3〜4cm。花色は淡桃色で、喉部は紅色。

ライティア　*Wrightia* ssp.　【キョウチクトウ科】

原 アジア、アフリカ、オーストラリアの熱帯圏に23種　利 鉢物　花 初夏〜秋　葉 単葉・対生　HZ 11a

セイロンライティア
W. antidysenterica
英 white angel, snowflake, milky way, arctic snow　スリランカ原産。高さ1.5mほどになる。花冠は高盆形で、先は5裂し、純白、径3cmほど。花冠中央部に副花冠が発達する。

ラ・レリギオサ　*W. religiosa*
英 sacred buddhist, wondrous wrightia, wild water plum, water jasmine　タイ、ベトナム原産。白色の花は垂れ下がって多数つき、芳香がある。

果実は2個の角状の分果に分かれる。

クレロデンドラムとその仲間　*Clerodendrum & Rotheca* ssp.　【シソ科（クマツヅラ科）】

英 glory-bower, tube-flower **原** 特に、アジア、アフリカの熱帯・亜熱帯に約250種 **利** 鉢物、花壇 **花** 初夏〜秋 **葉** 単葉・対生 **HZ** 10a-10b　→p.28参照

花は翅を広げる青い蝶に似る。径2.5cmほどで、紫青色〜淡青色。花糸も葯も青色。

ロテカ・ミリコイデス *R. myricoides* **異** *Clerodendrum ugandense* **英** blue butterfly flower　熱帯アフリカ東部原産。高さ3mほどになる。葉は狭倒卵形で、長さ10cmほど。

クラリンドウ
C. wallichii　東南アジア原産。花は下垂する円錐花序につく。花は径3.5cm。

ク・インシサム *C. incisum* **異** *C. macrosiphon* **英** musical note, morning kiss　熱帯アフリカ原産。花は音符のよう。

ク・パニクラタム
C. paniculatum **和** シマヒギリ **英** pagoda flower　東南アジア原産。高さ1.5mほど。

ク・クアドリロクラレ
C. quadriloculare
英 fireworks, bronze-leaved clerodendrum　フィリピン原産。高さ2〜5mになる。花は茎頂の集散花序に多数つく。花冠筒部は長さ10cmほど。

コンゲア　*Congea tomentosa*　【シソ科（クマツヅラ科）】

英 wooly congea, shower orchid, shower of orchid 原 ミャンマー、タイ 利 温室 花 初夏〜秋 葉 単葉・対生 HZ 11a

ややつる性に伸びる低木。葉は楕円形で、長さ6〜15cm。花弁のように見えるのは苞で、白色〜淡紫色、ビロード状の光沢がある。花は小さく、白色。

ドゥランタ　*Duranta erecta*　異：*D. repens*　【クマツヅラ科】

和 ハリマツリ、タイワンレンギョウ 英 golden dewdrop, pigeon berry, sky flower 原 フロリダ州〜ブラジル 利 鉢物、花壇 花 初夏〜秋 葉 単葉・対生または輪生 HZ 9b-10a

花は径1.5cmほどで、淡紫色〜紫色、まれに白色。

高さ2〜6mになる。葉は卵状楕円形で、長さ8cmほど。花は頂生または腋生の下垂する総状花序につく。

果実は濃黄色で、径1cmほど。

斑入り葉品種。

双子葉植物

キバナヨウラク　　*Gmelina philippensis*　異：*Gmelina hystrix*　【シソ科(クマツヅラ科)】

英 parrot's beak, hedgehog, wild sage　原 インド、フィリピン　利 温室、鉢物
花 初夏〜秋　葉 単葉・対生　HZ 11a

高さ5〜7mほどになる。頂生の集散花序は下垂し、紫褐色の苞をつける。花冠上唇は嘴状に曲がり、鮮黄色で、径5cm。小さな鉢物でも開花する。

ホルムショルディア　　*Holmskioldia sanguinea*　【シソ科(クマツヅラ科)】

英 Chinese hat plant, cup-and-saucer-plant, mandarin's hat, parasol flower　原 ヒマラヤ〜ミャンマー　利 温室、鉢物　花 夏〜春　葉 単葉・対生　HZ 10b

高さ3〜9mになる。萼は大きく皿状に広がり、径2〜2.5cm、赤レンガ色〜橙色。花冠は萼と同色で、円筒形、先は5裂する。

特徴的な萼の形状から、「チャイニーズ・ハット・プラント」などの英名がある。

'**オーレア**'　萼と花冠が鮮黄色の園芸品種。

ランタナ　*Lantana camara*　【クマツヅラ科】

和 シチヘンゲ　英 Spanish flag, West Indian lantana, yellow sage　原 北アメリカ南部〜熱帯アメリカ　利 花壇、鉢物　花 初夏〜秋　葉 単葉・対生　HZ 10a

花色は黄色または橙色などで、後に赤色などに変化するので、「七変化」の名がある。

未熟果実は有毒。

高さ2mほどになる。葉は卵形〜卵状長楕円形で、長さ4〜10cm、厚みがあり、しわが目立ち、短毛を生じる。花は半球状の散形花序につく。花径は1cm。世界の温暖地で野生化している。

コバノランタナ　*Lantana montevidensis*　【クマツヅラ科】

英 trailing lantana, weeping lantana, creeping lantana, small lantana, purple lantana, trailing shrub verbena　原 南アメリカ　利 花壇　花 初夏〜秋　葉 単葉・対生　HZ 9b

ランタナのような花色の変化はない。

匍匐状に1mほどに伸び、グランドカバーとして利用される。葉は卵形〜長楕円形で、微軟毛を生じ、長さ3.5cmほどとなり、ランタナに比べて小さい。花は淡紅紫色〜紫色。

双子葉植物

フィゲリウス　*Phygelius × rectus*　【ゴマノハグサ科】

英 Cape fuchsia　来 南アフリカ原産の *P. aequalis* と *P. capensis* との交雑により作出　利 花壇、鉢物　花 初夏〜秋　葉 単葉・対生　HZ 8b-9a

高さ 1.5 m ほどになる。花は頂生の円錐花序につく。花冠は長さ 5 cm ほどで、筒部がやや曲がり、先は 5 浅裂する。赤、黄、橙、ピンク、白色の園芸品種が知られる。写真は'アフリカン・クイーン'。

サガリバナ　*Barringtonia racemosa*　【サガリバナ科】

原 アフリカ東部・南部、東南アジア、オーストラリア北部、太平洋諸島、日本の南西諸島（奄美大島以南）の湿地帯　利 大型温室　花 夏〜秋　葉 単葉　HZ 11a

高さ 20 m になる。葉は枝先付近にらせん状に密につく。花は夜間に開花し、葉腋から生じる垂れ下がり総状花序につく。花は径 4 〜 5 cm。

花弁は白色または赤みを帯びる。多数ある雄しべは赤みを帯び、目立つ。

蕾は球形で、径 1.5 cm ほど。

ホウガンノキ　*Couroupita guianensis*　【サガリバナ科】

英 cannonball tree　原 南アメリカ北部　利 大型温室　花 初夏〜秋　葉 単葉・互生　HZ 10b

双子葉植物

高さ 25〜35 m になる。葉は披針状卵形で、長さ 30 cm ほど、枝先に輪生状につく。総状花序は長さ 60〜150 cm ほどで、幹や太い枝から直接生じる。肉質の花は直径 13 cm ほどで、夜間に芳香を放つ。花弁の内側は赤みを帯びる。

雄しべには、子房を環状に取り巻くタイプと、帽子状に伸びた先につくタイプがある。

花軸は曲がりくねった枝のようで、多数の花をつける。結実するのはそのうちの 1〜2 個。

果実は径 15〜20 cm で、褐色に熟す。和名、英名は果実の形態に由来。

123

ネコノヒゲ　*Orthosiphon aristatus*　【シソ科】

英 cat's whiskers, Java tea　原 インド、マレーシア　利 花壇、鉢物　花 初夏〜秋　葉 単葉・対生または輪生　HZ 10b

雄しべは長さ5cmほどで、ネコの髭を思わせる。

花が淡紫色の個体。

高さ50〜100cmになる。光沢のある葉は卵形または三角形で、長さ6〜9cm。頂生する長さ10〜20cmほどの総状花序に多数の花をつける。花は白色〜淡紫色。マレーシアでは kumis kucing（「ネコの髭」の意）と呼ばれる。

プレクトランサス'モナ・ラベンダー'　*Plectranthus* 'Mona Lavender'　【シソ科】

来 *P. saccatus* と *P. hilliardiae* との交雑により、南アフリカのカーステンボッシュ国立植物園で作出　利 花壇、鉢物　花 ほぼ周年　葉 単葉・対生　HZ 10a

花冠は2唇形で、長さ2cmほど。

高さ30〜60cmになる。葉は光沢のある緑色。頂生する長さ15〜20cmの総状花序に多数の花をつける。花は淡紫色に紫色の斑点が入る。短日条件により開花が誘導される。半日陰でよく生育する。

オーストラリアン・ローズマリー　*Westringia fruticosa*　【シソ科】

異 *Westringia rosmariniformis*　**英** coastal rosemary　**流** オーストラリアン・ローズマリー　**原** オーストラリア東部の沿岸部　**利** 花壇　**花** 初夏〜秋　**葉** 単葉・輪生　**HZ** 9b

高さ1mほどになる。花は茎頂付近の葉腋に単生する。花冠は2唇形で、白色、上唇は2裂し、下唇には淡紫の斑点が入る。耐塩性が強い。

スクテラリア・コスタリカナ　*Scutellaria costaricana*　【シソ科】

英 scarlet skullcap, Costa Rican skullcap　**原** コスタリカ　**利** 鉢物　**花** 初夏〜秋　**葉** 単葉・対生　**HZ** 10b

高さ1mほどになる。楕円形の葉は暗緑色で、表面はでこぼこしており、長さ8〜14cm。頂生の直立した総状花序は長さ5〜7cm。花冠は筒形で、先は2唇形、長さ約4cm、緋橙色で、唇部は橙黄色。

フブキバナ　*Tetradenia riparia*　異：*Iboza riparia*　【シソ科】

原 南アフリカ　**利** 大型温室　**花** 秋〜早春　**葉** 単葉・対生　**HZ** 10b

高さ1〜3mになる。葉は厚みのある広卵形で、長さ8cmほど。全草にじゃこう臭がある。花は長さ30cmほどの円錐花序に密につく。花は径5mmほどと小さく、白色。

双子葉植物

クリスマス・ベゴニア　*Begonia* × *cheimantha*　【シュウカイドウ科】

別 冬咲きベゴニア　**英** Christmas begonia, blooming-fool begonia, Lorraine begonia　**来** *B. socotrana* と *B. dregei* との交雑により作出　**利** 鉢物　**花** 冬〜早春　**葉** 単葉・互生　**HZ** 10b

'ミセス・J. A. ピーターソン'

高さ30〜50cmになる。葉には光沢があり、基部は心臓形、長さ5cmほど。多花性で、花色は濃紅、桃、白など。写真左は'ラブ・ミー'。

エラチオール・ベゴニア
Begonia Hiemalis Group　　異：*B.* × *hiemalis, B.* × *elatior*　【シュウカイドウ科】

英 winter flowering begonias　**来** *B. socotrana* と *B.* Tuberhybrida Group との交雑により作出　**利** 鉢物　**花** 開花調節によりほぼ周年　**葉** 単葉・互生　**HZ** 10b

高さ30〜50cmになる。葉には光沢があり、左右非対称。花は径5〜10cmで、クリスマス・ベゴニアより大きく、一重〜半八重、八重、花色も白、桃、黄、橙、赤と豊富。写真は'アフロダイテ・レッド'。

'バーバラ' 　　　　　　　'シュワベンラント・イエロー'

木立ベゴニア　*Begonia* spp. & hybrids　【シュウカイドウ科】

英 erect stemmed begonia **来** 直立茎をもち、地下に球根をつくらないタイプの総称 **利** 鉢物 **花** 春 **葉** 単葉・互生 **HZ** 10b

双子葉植物

木立性ベゴニアは、茎の形状により、①矢竹型、②叢生型、③多肉茎型、④つる性型に分けられる。
写真は矢竹形の'ルイス・バーク'。

球根ベゴニア
Begonia Tuberhybrida Group　異：*B.* × *tuberhybrida*　【シュウカイドウ科】

英 hybrid tuberous begonia **来** *B. boliviensis* などアンデス山系産の野生種の交雑により作出 **利** 鉢物 **花** 開花調整によりほぼ周年 **葉** 単葉・互生 **HZ** 10b

'ビーナス'

高さ 30〜60 cm ほどになる。地下に下胚軸が貯蔵器官となった球根をもつ。花は径 15 cm 以上あり、花色も白、桃、黄、橙、赤と豊富で、一重、八重咲きがある。写真は八重咲き大輪で、花弁縁に赤い覆輪が入るタイプ。

茎が垂れ下がるペンドゥラ・タイプもある。

127

ディレニア・フルティコサ *Dillenia suffruticosa* 【ビワモドキ科】

英 Malayan dillenia, shrubby dillenia, simpoh ayer 原 マレー諸島の湿地 利 大型温室 花 春〜秋 葉 単葉・互生 HZ 10b

高さ10mほどになる。葉は長さ25cmほどで、脈がよく目立つ。花は頂部付近に単生し、ややうつむき加減に咲き、黄色で、径12〜15cm。

ニューギニア・インパティエンス *Impatiens* New Guinea Group 【ツリフネソウ科】

英 New Guinea impatiens 来 *I. hawkeri* などのニューギニア産の野生種の交雑により作出 利 鉢物、花壇 花 ほぼ周年 葉 単葉・互生または輪生 HZ 10b-11a

高さ20〜60cmになる。茎は多肉質。葉は披針形で、長さ5〜15cm、斑が入る園芸品種が多い。花色は白、桃、淡紫、紫、橙、赤と豊富で、径5〜7cm。サカタのタネが作出したサンパチェンス（SunPatiens®）シリーズも、ニューギニア原産種の血を引いている。

インパティエンス・ニアムニアムエンシス *Impatiens niamniamensis* 【ツリフネソウ科】

英 Congo cockatoo, parrot plant, African queen 原 熱帯アフリカ東部 利 鉢物 花 ほぼ周年 葉 単葉・互生 HZ 10b-11a

高さ30〜90cmになる。花は茎上部の葉腋に数花つく。花は長さ2〜3cm、先端が黄色で、基部には丸まった距がある。距の色は個体により赤〜桃と変異がある。

インパティエンス・マリアナエ　*Impatiens marianae*　【ツリフネソウ科】

原 アッサム地方　利 鉢物　花 主に夏　葉 単葉・互生　HZ 10b-11a

匍匐性。葉は卵形で、緑色地に脈に沿って銀灰色の斑が入る。花冠は筒状で、先が唇形に裂け、長さ3cmほど。花色は紅紫色で、喉部に黄色の斑が入る。

インパティエンス・レペンス　*Impatiens repens*　【ツリフネソウ科】

英 Ceylon balsam, Ceylon jewelweed, yellow impatiens　原 スリランカ、インド　利 鉢物　花 初夏～秋　葉 単葉・互生　HZ 10b-11a

匍匐性。茎は赤紫色で、基部からよく分枝する。葉は腎形で、長さ2.5cm。黄色の花は葉腋に単生し、長さ4cmほど、基部に短く湾曲する距がある。

インパティエンス・ソデニー　*Impatiens sodenii*　異：*Impatiens oliveri*　【ツリフネソウ科】

英 poor man's rhododendron　原 熱帯アフリカ東部　利 鉢物　花 主に夏　葉 単葉・輪生　HZ 10b-11a

高さ1～1.5mになる。葉は倒披針形で、長さ20cmほど。花は茎頂付近の葉腋に単生する。花は径6cmほどで、明紫色～紅桃色、白色。

双子葉植物

ドワーフ・キャットテール
Acalypha chamaedrifolia　異：*Acalypha hispaniolae, Acalypha reptans*　【トウダイグサ科】

英 dwarf cat tail, dwarf chenille, firetail, Hispaniola cat's tail, red cat's tail, strawberry foxtail 原 フロリダ州〜カリブ諸島 利 鉢物 花 主に夏 葉 単葉・互生 HZ 10a

匍匐性。茎は基部からよく分枝する。葉は広卵形で、長さ5〜7cm。長さ7〜9cmほどの、赤色の穂状花序に小さな花が多数つく。

ベニヒモノキ　*Acalypha hispida*　【トウダイグサ科】

英 chenille plant, foxtail, red hot cat's tail 原 原産地は不明だが、おそらくインドネシアまたはニューギニア西部 利 鉢物、大型温室 花 早春〜秋 葉 単葉・互生 HZ 11a

高さ1〜4mになる。葉は広卵形で、長さ15cmほど。赤色の穂状花序は長さ20〜30cmで、ひも状に垂れ下がる。和名はその形態に由来。

高温期の花壇にも利用される。

穂状花序に小さな花を密に多数つける。

ユーフォルビア　*Euphorbia* ssp.　【トウダイグサ科】

英 spurge 原 全世界に 1900 種 利 鉢物、切り花 花 秋～冬 HZ 10a

ユ・フルゲンス *E. fulgens*
異 *E. jacquiniiflora*
英 scarlet plume　メキシコ原産。高さ1～2mになり、枝は細く枝垂れる。葉は互生し、披針形で、長さ5～10cm。数個の椀状花序が集散状にあつまり、枝上部の葉腋から生じる。椀状花序には花弁状の付属体が発達して、緋色または白色に色づく。

ユ・レウコケファラ
E. leucocephala 英 pascuita, snows of Kilimanjaro　メキシコ～エルサルバドル原産。葉は輪生し、広楕円形～披針形、長さ7～8cm。茎頂付近に椀状花序をつける。椀状花序には白色花弁状の付属体がある。

ユ'ドルチェ・ローザ'
E. hybrid 'Dulce Rosa'　ポインセチア（p.132参照）と *E. retusa* との交雑により作出された、新しいタイプのユーフォルビアで、近年紹介された。長さ5～7cmの苞が桃色に色づき、美しい。

双子葉植物

双子葉植物

ポインセチア　*Euphorbia pulcherrima*　異：*Poinsettia pulcherrima*　【トウダイグサ科】

英 poinsettia, Christmas star, Christmas flower, lobster plant, Mexican flame leaf, painted leaf, winter rose 原 メキシコ西部 利 鉢物 花 秋〜冬 葉 単葉・互生 HZ 10a

椀状花序には1〜2個の腺体があり、甘い蜜を出す。

'カルーセル・レッド'

高さ3mほどになる。椀状花序は茎頂に集散状につく。椀状花序の下には苞葉があり、赤色などに着色して観賞部となる。園芸上は、異名の属名よりポインセチアと呼ばれる。多くの園芸品種がある。写真は'グートビア・V-14・グローリー'。

オトギリバニシキソウ　*Euphorbia hypericifolia*　異：*Chamaesyce hypericifolia*　【トウダイグサ科】

英 large spotted spurge, garden spurge 原 アメリカ合衆国の熱帯・亜熱帯地帯 利 鉢物、花壇 花 初夏〜秋 葉 単葉・対生 HZ 9b

椀状花序

高さ20〜30cmになる一年草。葉は楕円形〜長楕円形、長さ2.5〜3cm、中央脈が目立つ。茎頂に椀状花序を出す。椀状花序の腺体下部に、観賞部の白色の花弁状付属体をつける。登録商標'ダイアモンド・フロスト'の名で流通している。

ナンヨウサクラ　*Jatropha integerrima*　異：*Jatropha hastata*　【トウダイグサ科】

英 peregrina, spicy jatropha　原 キューバ、西インド諸島　利 鉢物、温室　花 初夏〜秋　葉 単葉・互生　HZ 10b

双子葉植物

高さ1〜4mになる。葉は楕円形、ときに3浅裂、またはくびれてバイオリン状となり、長さ6〜15cm。茎頂または上部の葉腋から集散花序を出す。

斑入り葉品種'バリエガタ'。

花径は2cmほどで、赤色またはピンク色。

'ピンク'

フアヌリョア　*Juanulloa mexicana*　異：*Juanulloa aurantiaca*　【ナス科】

原 中央アメリカ　利 鉢物、温室　花 夏〜秋　葉 単葉・互生　HZ 11b

高さ1mほどになる。葉は厚く、綿毛を生じ、卵形または楕円形で、長さ20cmほど。ロウ質の花冠は鮮橙色で、やや下向きに咲き、径1.5cmほど。萼も同色で、蕾時にも美しい。

ブルグマンシア　*Brugmansia* ssp.　【ナス科】

英 angel's trumpets　流 エンジェルズ・トランペット　原 南アメリカ、特にアンデス地域に5種　利 鉢物、花壇　花 初夏〜秋　葉 単葉・互生　HZ 9b

キダチチョウセンアサガオ *B. suaveolens* 異 *Datura suaveolens*　ブラジル東南部原産。高さ5mほど。花冠は長さ24〜35cm、白色で、夜間に芳香を放つ。果実(右)は長紡錘形で、長さ9〜12cm。近縁のダツラ(*Datura*)属は、花が直立して咲き、果実に刺がある。

ブ・インシグニス *B.* × *insignis* 異 *Datura* × *insignis*　*B. suaveolens* と *B. versicolor* との交雑種に *B. suaveolens* を戻し交配して作出。高さ4m。花冠は長さ38cmと長く、花冠裂片の先は細く尖る。写真左は'ホワイト'で、よく栽培される。右上は'ピンク'。

ブ・サングイネア
B. sanguinea コロンビア〜チリ北部原産。

ブ・ウェルシコロル
B. versicolor エクアドル原産。花冠は長さ50cm、裂片は反返る。

ブ'スーパーノバ'
B. 'Supernova' 花冠は長さ45〜50cmと長く、裂片は反返らない。

ブ'バリエガタ'
B. 'Variegata' 斑入り葉品種。詳細不明。

ブルンフェルシア　*Brunfelsia* ssp.　【ナス科】

原 熱帯アメリカに 46 種　利 鉢物　花 温度があればほぼ周年　葉 単葉・互生　HZ 9b

ニオイバンマツリ *B. australis* 英 yesterday-today-and-tomorrow, morning-noon and night, Paraguayan jasmine　ブラジル南部〜パラグアイ、アルゼンチン原産。高さ 3 m ほどになる。花冠は漏斗形で、喉部は白色輪があり（右）、径 4 〜 4.5 cm。花色は、初め紫色で、後に白色になる。花は夜間に芳香を放つ。

ブ・パウキフロラ *B. pauciflora*　ブラジル原産。花径 5 cm。写真は'マクランタ'。

アメリカバンマツリ *B. americana* 英 lady of the night　西インド諸島原産。夜間に芳香。

イオクロマ　*Iochroma grandiflorum*　【ナス科】

原 エクアドル　利 鉢物、温室　花 夏〜秋　葉 単葉・互生　HZ 10a

高さ 1 m ほどになる。葉は柔らかく、微細毛を生じ、広卵形で、長さ 13 cm ほど。6 〜 8 花が茎頂に集まり、下垂して開花する。花冠は筒状で、先は 5 裂し、長さ 3.5 cm。花色は濃紫色。

双子葉植物

135

ヤコウボクの仲間（ケストラム）　*Cestrum* ssp.　【ナス科】

原 熱帯アメリカに175種　利 鉢物　花 夏～秋　葉 単葉・互生　HZ 9b-10a

ヤコウボク *C. nocturnum* 別 ヤコウカ 英 lady of the night, night jasmine　西インド諸島原産。高さ4mほどになる。葉は狭披針形で、長さ13cmほど。腋生の花序を出す。花冠は筒状で、長さ2.5cmほど、黄緑色（右上）。花は夜間に芳香を放つ。果実は球形で、白色（右下）。

ケ・エレガンス *C. elegans*　メキシコ原産。花冠は筒状、長さ2.5～3cm、紫紅色。

ケ・オーランティアカム *C. aurantiacum*　グアテマラ原産。花冠は長さ2cmほど。

ブルー・ポテト・ブッシュ　*Lycianthes rantonnetii*　異：*Solanum rontonnetii*　【ナス科】

英 blue potato bush　原 アルゼンチン～パラグアイ　利 鉢物、温室　花 夏～秋　葉 単葉・互生　HZ 10b

高さ2mほどになる。葉は卵形～披針形で、長さ10cmほど。花は腋生の集散花序につく。花冠は高盆形で、先は5裂し、暗青色～紫色、径1.5～2.5cm。

ポテト・ツリー　*Solanum wrightii*　異：*Solanum macranthum*　【ナス科】

英 potato tree, giant potato tree, Brazilian potato tree　原 ブラジル〜ボリビア　利 大型温室　花 夏〜秋　葉 単葉・互生　HZ 10b

高さ6mほどになる。葉は広卵形で、長さ30cmほど。葉柄と葉脈に刺がある。腋生の集散花序を出す。花冠は青紫色から後に白みを帯び、車形で、径5cmほど。

マーマレードノキ　*Browallia jamesonii*　異：*Streptosolen jamesonii*　【ナス科】

英 marmalade bush, orange browallia, firebush, yellow heliotrope　原 コロンビア、ペルー　利 鉢物　花 冬〜春　葉 単葉・互生　HZ 10b

高さ1〜2mになる。茎は細く、他物に寄りかかって生育する。花は頂生の花序につく。花冠は橙黄色、漏斗形で、径1cmほど。花色が黄色の個体もある。

ジャカランダ　*Jacaranda mimosifolia*　異：*Jacaranda ovalifolia*　【ノウゼンカズラ科】

英 jacaranda, blue jacaranda, fern tree　原 アルゼンチン、ボリビア　利 大型温室　花 夏　葉 複葉・対生　HZ 10a

高さ15mほどになる。葉は2回羽状複葉で、小葉は1cmほど。花は円錐花序につく。青紫色の花冠は漏斗形で、長さ3〜5cm。熱帯圏では落葉期に開花するが、環境により写真のように葉が生じてから開花することがある。

双子葉植物

ソーセージノキ　*Kigelia africana*　異：*Kigelia pinnata*　【ノウゼンカズラ科】

英 sausage tree **原** 熱帯アフリカ **利** 大型温室 **花** 春 **葉** 複葉・対生 **HZ** 11a

果実は長さ30〜45 cmで、巨大なソーセージのよう。

高さ20 mになる。羽状複葉の小葉は7〜9個ある。花は下垂する長さ1〜2 mほどの花序につく。赤ワイン色の花冠は2唇形で、長さ10〜15 cm。夜間に異臭を放ち、自生地ではコウモリにより花粉を媒介される。

カエンボク　*Spathodea campanulata*　異：*Spathodea nilotica*　【ノウゼンカズラ科】

英 African tulip tree, fountain tree **原** 熱帯アフリカ **利** 温度があればほぼ周年 **花** 春 **葉** 複葉・対生 **HZ** 11a

雄しべは4本。

萼には綿毛がある。

高さ20 mになる。葉は羽状複葉で、小葉は9〜19個。枝先に多数の花を円形にかたまってつける。緋紅色の花は長さ7〜8 cmの鐘形。黄色の花色の系統も知られる。世界の熱帯・亜熱帯に街路樹として植えられる。

タベブイア　*Tabebuia* ssp.　【ノウゼンカズラ科】

英 trumpet tree **原** 熱帯アメリカに67種 **利** 大型温室 **花** 春〜夏 **葉** 複葉・対生 **HZ** 10b

タ・ロセア
T. rosea　メキシコ〜コロンビア、ベネズエラ北部原産。高さ25mほどになる。葉は5出複葉で、小葉は長さ5〜18cm。濃桃色〜白色の花冠は2唇形で、長さ7〜10cm。

タ・クリソトリカ *T. chrysotricha* **英** golden trumpet tree　コロンビア、ブラジル原産。

タ・インペティギノサ
T. impetiginosa　メキシコ北部〜アルゼンチン原産。

テコマ・スタンス　*Tecoma stans*　異：*Stenolobium stans*　【ノウゼンカズラ科】

英 yellow trumpetbush, yellow bells **原** アメリカ合衆国南部、メキシコ〜ベネズエラ北部、アルゼンチン **利** 温室 **花** 夏 **葉** 複葉・対生 **HZ** 9b-10a

高さ3〜5mほどになる。葉は奇数羽状複葉で、小葉は5〜11枚。花は頂生の総状花序につく。花冠は漏斗状鐘形で、長さ4〜6cm、黄金色。

双子葉植物

ヒメノウゼンカズラ　*Tecoma capensis*　異：*Tecomaria capensis*　【ノウゼンカズラ科】

英 Cape honeysuckle　原 東・南アフリカ　利 花壇、鉢物、温室　花 温度があればほぼ年中　葉 複葉・対生　HZ 9b

高さ1.5mほど。葉は5〜9小葉からなる奇数羽状複葉。花は頂生の総状花序につく。比較的耐寒性が強く、暖地であれば戸外でも越冬する。

花冠は漏斗状で、2唇形となり、長さ7〜8cm。花色は橙〜橙赤色。

黄花の園芸品種'ルテア'。雄しべは4本で、花冠より突出する。

ブラケア　*Blakea gracilis*　【ノボタン科】

原 コスタリカ、ニカラグア、パナマ　利 鉢物、温室　花 冬〜早春　葉 単葉・対生　HZ 10a-10b

当初は樹木に着生し、その後、根を下ろし、高さ10mほどになる。純白の花は茎頂付近の葉腋に単生し、径2.5〜3cm。花弁は硬質。黄色の12個の雄しべが、雌しべを囲む。

メディニラ *Medinilla* ssp. 【ノボタン科】

原 熱帯アフリカ、マダガスカル、ニューギニア〜ボルネオ、フィリピン、オーストラリアに約375種 利 鉢物、温室 花 春〜秋 葉 単葉・対生 HZ 10b

双子葉植物

茎頂に下垂する長さ30〜50cmほどの花序を出し、桃色の苞の下に、多数の花をつける。花径2.5cmほど。

メ・マグニフィカ *M. magnifica* 和 オオバヤドリノボタン 英 Malaysian orchid, showy medinilla フィリピン原産。着生植物で、高さ1.5〜3mほどになる。葉は無柄で、対生し、広卵形〜倒卵形、長さ15〜25cm、脈が目立つ(右上)。葉痕は茎に節状となって残る。フィリピンの国花。

メ・スペキオサ *M. speciosa* 英 showy Asian grapes ジャワ原産。着生植物で、高さ1mほどになる。茎頂にやや下垂する花序につく。花は淡紅色で、径1cmほど。果実はよく結実し、紫色に熟して美しい。

メ・スコルテキニー
Medinilla scortechinii
英 orange medinilla, orange spike フィリピン原産。花も花軸も橙色で、サンゴを思わせる。

141

シコンノボタンの仲間（ティボウキナ） *Tibouchina* ssp. 【ノボタン科】

原 熱帯アメリカに約350種 利 鉢物、花壇、温室 花 温度があればほぼ周年 葉 単葉・対生

◀雄しべは10本で、クモを思わせる。

テ・グランディフォリア *T. grandifolia* ブラジル原産。 HZ 11a

シコンノボタン *T. urvilleana* 英 Brazilian spider flower, glory bush, princess flower, purple glory tree　ブラジル原産。高さ1〜5mになる。全株に軟毛を生じる。葉は卵形〜長楕円状卵形、長さ5〜10cm。花は頂生の円錐花序につき、花径7〜10cm、花色は紫色。1日花。 HZ 9b

テ'コート・ダジュール' *T.* 'Cote d'Azur'　枝は赤みを帯びる。葉と花弁はシコンノボタンに比べて細長い。花は青紫色で、雄しべは白色。 HZ 10a

テ・ムタビリス *T. mutabilis* ブラジル原産。高さ2〜4mになる。花は白色〜淡紫色、最後に濃い紫色に変わる。（サンパウロ1.22） HZ 11a

ヘテロケントロン　*Heterocentron elegans*　【ノボタン科】

🇬🇧 Spanish shawl 🌏 メキシコ、グアテマラ、ホンジュラス 利 鉢物 花 冬〜春 葉 単葉・対生 HZ 10a

カーペット状に生育する。葉は卵形で、長さ 1〜2.5 cm。赤紫色の花は葉腋に単生し、径 2.5 cm。ヒメノボタンの名でも流通しているが、別種ヒメノボタン（*Osbeckia chinensis*）と混乱するので、使用しない方がよい。

イランイランノキ　*Cananga odorata*　【バンレイシ科】

🇬🇧 ilang-ilang, ylang ylang, perfume tree, chanel #5 tree, maramar 🌏 インド、インドネシア、フィリピン 利 鉢物、温室 花 温度があればほぼ周年 葉 単葉・互生 HZ 11a

高さ 15 m ほどになる。花は葉腋に単生し、垂れ下がる。花色は緑色から黄色に変化し、黄色になると強い芳香を放つ。花の精油は高級香水の原料イランイラン油。矮性のチャボイランイランノキ（*C. odorata* var. *fruticosa*）がよく栽培される。

コダチアサガオ　*Ipomoea carnea* ssp. *fistulosa*　異：*I. fistulosa*　【ヒルガオ科】

🇬🇧 bush morning glory, pink morning glory 🌏 フロリダ〜パラグアイ 利 温室 花 初夏〜冬 葉 単葉・互生 HZ 10b

高さ 2〜3 m になる。葉は卵状心形で、長さ 10〜20 cm。花は茎頂付近の葉腋につく。花冠は漏斗形で、径は 7〜8 cm、桃色〜桃紫色。サツマイモ属（*Ipomoea*）としては珍しく、つる性にならない。

セイロンテツボク　*Mesua ferrea*　【フクギ科】

英 ironwood　原 インド〜マレーシア　利 温室　花 夏　葉 単葉・対生　HZ 10b

双子葉植物

高さ10m以上になる。葉は線状披針形で、長さ15cmほど。新葉時には赤みを帯び、美しい。白色の花は茎頂または葉腋に、1〜9花つけ、径7〜8cmで、芳香を放つ。材は重く、水に沈み、彫刻、家具、建築材に利用される。

キバナワタモドキ　*Cochlospermum religiosum*　異：*C. gossypium*　【ベニノキ科】

英 buttercup tree, yellow slik cotton tree, golden silk cotton tree　原 ミャンマー、インド　利 温室　花 早春〜初夏　葉 単葉・互生　HZ 10b

高さ7〜8mになる。葉は掌状に5裂し、長さ20〜25cm。花は落葉期に咲き、茎頂の円錐花序につける。花は鮮黄色で、径10〜15cmほどで、美しい。花弁、萼は5個。写真は八重咲き品種。果実内の種子は綿毛に包まれる。

アメリカネム　*Albizia saman*　異：*Samanea saman*　【マメ科】

別 アメフリノキ　英 rain tree, monkey pod, saman, cow tamarind　原 中央アメリカ～ブラジル　利 温室　花 初夏～夏　葉 複葉・互生　HZ 11b

高さ20～30mほど。葉は2回羽状複葉で、午後には閉じる就眠運動を示す。花の花弁は小さく、淡桃色の雄しべが目立つ。成木になると樹冠が傘状に広がり、独特の樹形となる。ハワイ・オアフ島のモアナルア・ガーデンにある個体が、コマーシャルに使用されて有名。

オウコチョウ　*Caesalpinia pulcherrima*　異：*Poinciana pulcherrima*　【マメ科】

英 poinciana, peacock flower, red bird of paradise, Mexican bird of paradise, dwarf poinciana, pride of Barbados　原 熱帯アメリカ　利 温室　花 初夏～秋　葉 複葉・互生　HZ 10b

高さ2～3mになる。葉は羽状複葉で、長さ30cmほど。花は頂生または腋生の総状花序につく。花は径5cmほどで、橙色（右上）。

果実は扁平な豆果で、長さ10cmほど。 　　黄花の品種 *C. pulcherrima* f. *flava*

バウヒニア　*Bauhinia* ssp.　【マメ科】

英 mountain ebony, orchid tree　原 広く熱帯圏に、特に南アメリカに約150種　利 温室　花 冬～夏　葉 単葉・互生　HZ 10a → p.38 参照

バ・ブレイケアナ *B.* × *blakeana* 和 アカバナハカマノキ 英 Hong Kong orchid tree　高さ12mほどになる。葉は2裂し、長さ15cmほど。バ・バリエガタ（*B. variegata*）とバ・プルプレア（*B. purpurea*）の交雑種と考えられている。香港の花に選定。

バ・バリエガタ *B. variegate* 和 フイリソシンカ 英 mountain ebony, orchid tree　東南アジア原産。高さ12mほどになる。花は紅紫色で、芳香がある。花弁が幅広く、重なり合う。白花の変種（*B. variegata* var. *candida*）が知られる（右）。

バ・アクミナタ

B. acuminata 和 ソシンカ、モクワンジュ 英 dwarf white bauhinia　東南アジア原産。高さ3mほどになる。枝はジグザグ状になる。花は主に夏に開花し、純白で、径7～8cm。

ヨウラクボク　*Amherstia nobilis*　【マメ科】

英 pride of Burma, orchid tree, queen of flowering trees　原 ミャンマー（1属1種）利 温室　花 冬〜初夏　葉 複葉・互生　HZ 11b

高さ4〜10mほどになる。葉は羽状複葉で長さ1mほど、新葉時は赤みを帯びる。花は長さ60〜90cmの下垂する総状花序につく。花は赤色で、旗弁の基部に黄色の斑点が入る。

ブラウネア　*Brownea* ssp.　【マメ科】

原 中央・南アメリカに約12種　利 温室　花 夏　葉 複葉・互生　HZ 11b

ブ・アリザ *B. ariza*　コロンビア原産。高さ10mほどになる。葉は新葉時には赤みを帯びる。紅色の花は筒状で、多数あつまって下垂し、外側から開花して径15cmほどの半球状になる。写真は開花初期。

ブ・コッキネア *B. coccinea* 英 scarlet flame bean　ベネズエラ原産。雄しべが突出する。

ブ・グランディケプス *B. grandiceps* 英 rose of Venezuela　ベネズエラ原産。花序は径20〜25cm。

カリアンドラ　*Calliandra* ssp.　【マメ科】

英 powder puff tree 原 アメリカ合衆国南西部〜ウルグアイ、チリ北部に132種 利 温室、鉢物 花 主に秋〜春（一部、ほぼ周年）葉 複葉・互生

雄しべが白色の白花品種'アルバ'

カ・ハエマトケファラ *C. haematocephala* 英 red powder puff　南アメリカ原産。高さ6mほどになる。沖縄でよく栽培される。葉は2回羽状複葉で、長さ45cmほど。小葉は長さ8cmほど。多数の花が頭状にあつまり、緋紅色の雄しべが目立ち、化粧用パフを思わせる。HZ 10a

カ・テルゲミナ・エマルギナタ
C. tergemina var. *emarginata*
裏 *C. emarginata*　ホンジュラス〜メキシコ南部原産。高さ0.5〜1m。ほぼ周年開花。HZ 10a

カ・トウィーディ *C. tweedii*　英 Mexican flame bush　ブラジル原産。高さ2mほど。花序は球状で、径6〜9cm。雄しべは長さ3〜5cm。HZ 9a

カ・カロシルサス *C. calothyrsus*　中央アメリカ、メキシコ原産。高さ1.5〜10mになる。花序は直立し、長さ20〜25cm。HZ 10a

カ・スリナメンシス *C. surinamensis*　南アメリカ北部原産。高さ3〜6mで、横に広がる樹形となる。雄しべが濃桃色で美しい。HZ 10b

ゴールデン・シャワー　*Cassia fistula*　【マメ科】

和 ナンバンサイカチ　**英** golden shower tree, purging cassia, Indian laburnum, pudding pipe tree　**原** 南アジア　**利** 温室　**花** 初夏～秋　**葉** 複葉・互生　**HZ** 10a

鮮黄色の花は径4cmほどで、芳香がある。

高さ10～20mになる。葉は羽状複葉で、小葉は4～8対。葉腋から生じる総状花序は長さ15～75cmで、多数の花をつける。果実は長さ50cm以上になる円筒形。タイの国花。熱帯・亜熱帯各地に広く栽培され、九州南部では越冬可能。

ホウオウボク　*Delonix regia*　異：*Poinciana regia*　【マメ科】

英 flamboyant, peacock flower, flame tree, royal poinciana　**原** マダガスカル　**利** 温室　**花** 春～秋　**葉** 複葉・互生　**HZ** 10b

花は明赤色～橙色で、径7～10cm。

高さ10mになり、樹冠が傘状に広がる樹形となる。葉は2回羽状複葉。花は頂生または腋生の総状花序につく。熱帯・亜熱帯各地に広く栽培され、特に街路樹としての利用が多い。ハワイでは種子をレイに用いる。

エリスリナ *Erythrina* ssp. 【マメ科】

英 coral tree 原 ヨーロッパ大陸を除く各地の熱帯・亜熱帯に約 120 種 利 温室、鉢物 花 主に初夏～秋 葉 複葉・互生

アメリカデイコ *E. crista-galli* 別 カイコウズ
英 cockspur goral tree　アンデス山系東部原産。アルゼンチン、ウルグアイの国花。 HZ 9b

エ・フスカ *E. fusca*
英 swamp immortelle　東南アジア、ポリネシアなどに広く分布。 HZ 11a

ブラジルデイコ *E. speciosa*　ブラジル南東部原産。高さ 4 m ほどになる。落花期に開花する。赤色の花はペンシル形。 HZ 11a

サンゴシトウ *E.* × *bidwillii*　花はペンシル形。 HZ 9b

フイリデイコ *E. variegata*　葉に斑が入る。先に学名が与えられたため、デイコ（*E. variegata* var. *orientalis*）の基準種となっている。右上はデイコの白花品種 'アルバ'。 HZ 10b

エ・フメアナ *E. humeana* 英 dwarf kaffirboom, dwarf coral tree, dwarf erythrina, Natal coral tree　南アフリカ、モザンビーク原産。高さ 4 m ほどになる。花は頂生の直立する長さ 50 cm ほどの総状花序につく。

シロゴチョウ　*Sesbania grandiflora*　【マメ科】

英 vegetable humming-bird　原 熱帯アジア、オーストラリア北部　利 温室
花 春　葉 複葉・互生　HZ 11a

高さ 12 m ほどになる。成長は早いが、寿命は短い。葉は偶数羽状複葉。花は長さ 10 cm ほどで、腋生の総状花序に数個つく。花色は白〜赤色。熱帯アジアでは花を食用とする。

ムユウジュの仲間（サラカ）　*Saraca* ssp.　【マメ科】

原 南アジアから東アジア南部に 11 種　利 温室、鉢物　花 主に春〜秋　葉 複葉・互生　HZ 11b

ムユウジュ *S. indica*
英 ashoka tree, sorrowless tree　タイ〜ジャワ、スマトラ原産。高さ 6 〜 7 m になる。橙〜深紅色の花は散房花序にまとまってつく。「仏教三霊樹」のひとつで、釈迦がこの木の下で誕生したと伝えられる。

サ・タイピンゲンシス *S. thaipingensis* 英 yellow ashoka, yellow saraca
マレー半島原産。高さ 10 m 近くになる。葉は新葉時には白〜赤みを帯びる（右）。花は黄色で、夜間に芳香を放つ。

センナ *Senna* ssp. 【マメ科】

原 各地の熱帯・亜熱帯に、特に熱帯アメリカに約300種 利 温室 花 主に初夏〜秋 葉 複葉・互生

ハネセンナ *S. alata* 異 *Cassia alata* 英 candle bush, candle stick, ringworm senna　熱帯アメリカ原産。高さ1〜4mになる。長さ15〜60cmの腋生の総状花序に多数の花をつける。花は鮮黄色で、径1.5〜2.5cm（右上）。果実には小鋸歯状の翼があり、長さ10〜20cm（右下）。 HZ 9b-10a

モクセンナ *S. surattensis* 異 *Cassia surattensis* 英 golden senna, bush senna, scrambled egg tree　熱帯アジア、オーストラリア、ポリネシア原産。高さ1〜2mになる。腋生の総状花序に鮮黄色の花を10〜20個つける。 HZ 10a

コヤシセンナ *S. didymobotrya* 異 *Cassia didymobotrya* 英 African senna, popcorn senna, candelabra tree　熱帯アフリカ原産。高さ1〜5mになる。腋生する総状花序は25〜35cm。 HZ 9b-10a

セ・フロリブンダ *S.* × *floribunda* 異 *Cassia floribunda* 英 golden showy cassia, devils finger　自然交雑種。高さ1〜3mになる。腋生の総状花序に4〜20花をつける。 HZ 9b

ボロニア　*Boronia* ssp.　【ミカン科】

原 オーストラリアに 149 種　利 鉢物、温室　花 春～初夏　葉 複葉・対生
HZ 11b

ボ・ヘテロフィラ
B. heterophylla オーストラリア西部原産。花は釣鐘形。

ボ・ピンナタ *B. pinnata* 英 pinnate boronia　オーストラリアのニューサウスウェールズ州原産。高さ 1.5 m ほど。葉は羽状複葉でミカン科特有の芳香がある。小葉の長さは 2.5 cm。ピンク色の花は星形、径 2 cm ほどで、葉腋につく。

クロウェア　*Crowea* ssp.　【ミカン科】

原 オーストラリア南部に 3 種　利 鉢物、温室　花 春～初夏　葉 単葉・対生
HZ 10a-10b

ク・サリグナ
C. saligna　花はやや大きく径 3 cm ほど。

ク・エクサラタ *C. exalata* 英 small crowea 流 サザンクロス　オーストラリアのビクトリア州、ニューサウスウェールズ州原産。高さ 1 m ほどになる。葉は芳香があり、細長い長楕円形で、長さ 1.5 ～ 2.5 cm。桃紫色の花は星形で、葉腋に単生し、径 2.5 cm。

クフェア　*Cuphea* ssp.　【ミソハギ科】

[原] アメリカ合衆国南東部、メキシコ、グアテマラ、ボリビア、ブラジル南部に約260種　[利] 温室、鉢物、花壇　[花] 主に初夏〜秋　[葉] 単葉・対生または輪生　[HZ] 9b

白花の園芸品種'コメット・ホワイト'

ク・イグネア *C. ignea* [和] タバコソウ [英] cigar flower, firecracker plant, Mexican cigar　メキシコ、ジャマイカ原産。高さ30〜60cmになる。葉は十字対生し、長楕円形〜披針形で、長さ2cmほど。花は対生する葉の葉柄間に単生する。萼は筒状で、緋紅色、長さ2〜3cm。花弁は欠く。

花弁は6個で、濃紫〜淡紫色。

ク・ヒッソピフォリア *C. hyssopifolia* [和] メキシコハナヤナギ [英] false heather, Mexican heather, Hawaiian heather, elfin herb　メキシコ、グアテマラ原産。高さ60cmほどになる。葉は十字対生し、光沢があり、線状披針形で、長さ2cmほど。花は腋生の短い総状花序につき、径1cmほど。

ク・ミクロペタラ *C. micropetala* [和] ハナヤナギ　メキシコ原産。萼は筒状、長さ2.5〜3cm、黄色から橙色に変化。

ク・キアネア *C. cyanea* [英] black eyed cuphea　メキシコ原産。萼は筒状、長さ2cmほど、橙赤色。

オオバナサルスベリ　*Lagerstroemia speciosa*　異：*L. flos-reginae*　【ミソハギ科】

🇬🇧 giant crape-myrtle, queen's crape-myrtle, pride of India 原 熱帯アジア 利 温室 花 春〜秋 葉 単葉・対生 HZ 11b

高さ20m以上になる。葉は革質で、長楕円形、長さ20cmほど。花は直立する長さ40cmほどの円錐花序につく。花は径5〜8cm、紫または白色。熱帯圏では街路樹、並木によく利用される。

コルディア　*Cordia* ssp.　【ムラサキ科】

原 中央・南アメリカ、熱帯アフリカ、熱帯アジアに250〜300種 利 温室 花 主に初夏〜秋 葉 単葉・互生まれに対生 HZ 10b

コ・セベステナ

C. sebestena 和 アメリカチシャノキ 英 orange geiger tree, broadleaf cordia, geiger tree 西インド諸島〜ベネズエラ原産。高さ8mほどになる。葉は卵形で、長さ20cmほど。明橙赤色の花は集散花序につき、径12cmほど。

コ・ルテア *C. lutea* エクアドル、ガラパゴス諸島原産。芳香のある花は淡黄色。

コ・ボイッシエリ *C. boissieri* アメリカ合衆国南西部、メキシコ原産。花は白色。

双子葉植物

バンクシア　*Banksia* ssp.　【ヤマモガシ科】

原 オーストラリアに 77 種　**利** 温室、切り花、鉢物　**花** 主に春〜秋　**葉** 単葉・互生まれに対生　**HZ** 9b

バ・アシュビ *B. ashbyi* オーストラリア西部原産。

バ・エリキフォリア *B. ericifolia* **英** heath-leaved banksia　オーストラリア東部原産。高さ 5 m。円筒形の花序は、橙赤色、長さ 20〜25 cm。

バ・コッキネア *B. coccinea* **英** scarlet banksia　オーストラリア西部原産。花序は長さ 6 cm ほど。花柱は鮮赤色。（パース近郊 10.13）

バ・フッケリアナ *B. hookeriana* **英** Hooker's banksia, acorn banksia　オーストラリア西部原産。高さ 1.2 m ほど。花序は白色で、開花すると橙色。

バ・メディア *B. media* **英** southern plains banksia　オーストラリア南西部原産。花序は長さ 10〜15 cm で、明黄色。

バ・スピヌロサ *B. spinulosa* **英** hairpin banksia　オーストラリア東部原産。花序は長さ 18 cm ほどで、赤褐色。

バ・メンジージー *B. menziesii* **英** firewood banksia　オーストラリア南西部原産。花序は長さ 12 cm ほど、赤、黄〜褐色。

グレビレア　*Grevillea* ssp. 【ヤマモガシ科】

英 spider flower **原** オーストラリア、ニューカレドニアに 362 種 **利** 温室、鉢物 **花** 主に春〜秋 **葉** 単葉または複葉・互生 **HZ** 9b-10a

グ・ロスマリニフォリア *G. rosmarinifolia*
英 rosemary grevillea　オーストラリア東部原産。高さ 1 〜 2 m。花は花柱が突出する。

グ・ユニペリナ *G. juniperina* **英** juniper grevillea　オーストラリア東部原産。

グ'ロビン・ゴードン' *G.* 'Robyn Gordon'　高さ 2 〜 3 m になる。花序は長さ 15 cm、赤色。

グ'プーリンダ・エレガンス' *G.* 'Poorinda Elegance'　高さ 1.5 m ほどになる。

レウカデンドロン・サリグヌム　*Leucadendron salignum* 【ヤマモガシ科】

原 南アフリカ・ケープ州 **利** 切り花 **花** 冬〜春 **葉** 単葉・互生 **HZ** 10a

本属中、最も分布域が広い。高さ 2 m ほどになる。雌株の苞葉は花弁状となり、淡黄色まれに赤色。雄株の苞葉は小さい。

プロテア　*Protea* ssp.　【ヤマモガシ科】

双子葉植物

原 熱帯および南アフリカに103種　**利** 温室、鉢物、切り花　**花** 主に春〜秋
葉 単葉・互生　**HZ** 9b

総苞の色は淡黄色〜桃、紅色と変異が著しい。

プ・キナロイデス *P. cynaroides* **英** king protea, giant protea　南アフリカ・ケープ州原産。高さ2mほどになる。花弁にように見えるのは総苞で、真の花は総苞に囲まれた中央部に密生して半球状になる。1個の花のように見える花序の径は12〜30 cm。南アフリカの国花。

プ・キナロイデスの蕾　種形容語「キナロイデス」はラテン語で「アーティチョークに似た」という意味。蕾の形に由来。

プ・オブツシフォリア *P. obtusifolia*　南アフリカ・ケープ州原産。高さ4mほど。花序の径は9〜12 cm、総苞の色は深紅〜淡黄色。

プ・レペンス *P. repens* 英 common sugarbush　南アフリカ・ケープ州原産。高さ4mほど。花序の径は6cmほど。総苞の色は白〜深紅色。

プ・エクシミア *P. eximia* 英 broad-leaved sugarbush　南アフリカ・ケープ州原産。高さ5mほど。花序の径は14cmほど。総苞の色は赤紫色。

プ・グランディケプス *P. grandiceps* 英 princess protea　南アフリカ・ケープ州原産。葉は卵形で、青緑色。花序の径は14cmほど。

プ・ネリーフォリア *P. neriifolia* 英 oleanderleaf protea　南アフリカ・ケープ州原産。花序の径は13cmほど。総苞の色は桃〜暗紅色。

レウコスペルマム・プラエコックス　*Leucospermum praecox*　【ヤマモガシ科】

🟥原 南アフリカ　🟩利 鉢物、切り花　🟩花 冬～春　🟩葉 単葉・互生　🟦HZ 10a

高さ2～3m、幅4mほど。葉は倒卵形で、長さ4～7cm。本属の英名 pincushion は、花序が「針刺し」に似ることに由来する。花序は半球形で、径6cm。

ステノカルプス・シヌアタス　*Stenocarpus sinuatus*　【ヤマモガシ科】

🟩英 firewheel tree　🟥原 オーストラリア東部　🟩利 鉢物　🟩花 夏～秋　🟩葉 単葉・互生　🟦HZ 9a

自生地では20～30mになる。葉は革質で、羽状に3～5裂し、長さ20～30cm。花は鮮赤色で、10～30花がまとまり、径5～6cmになる。

テロペア　*Telopea speciosissima*　【ヤマモガシ科】

🟩英 New South Wales waratah, simply waratah　🟥原 オーストラリア・ニュー・サウス・ウェールズ州　🟩利 鉢物、切り花　🟩花 夏～秋　🟩葉 単葉・互生　🟦HZ 9a

高さ3mほどになる。オーストラリアのニュー・サウス・ウェールズ州の紋章。花は輝赤色、花序は径15cmになり、周囲に赤色の総苞がある。

付録
熱帯植物が観察できる植物園

熱帯植物が観察できる海外のおもな植物園

ニューヨーク植物園
(The New York Botanical Garden, 2900 Southern Boulevard Bronx, NY 10458-5126, USA)

http://www.nybg.org/
休園日：月曜日、感謝祭、
　　　　クリスマス

1891年に開園した、総面積1,000 ha、総植栽植物数は15,000の世界を代表する植物園。ビクトリア様式の温室は1902年に開館した。熱帯雨林帯、アメリカおよびアフリカの乾燥地帯など11の生態系を展示している。野外には熱帯スイレンやオオオニバスなどの水生植物を展示している。

フェアチャイルド熱帯園
(Fairchild Tropical Botanic Garden, 10901 Old Cutler Road Coral Gables, FL 33156, USA)

http://www.fairchildgarden.org/
休園日：クリスマス

1938年に開園した、総面積34 ha、総植栽植物数4,000を有する、アメリカ合衆国を代表する熱帯植物園。熱帯を代表するヤシ科、ソテツ科、熱帯花木の収集には定評がある。園内の池には「ワニ注意」の看板があり、熱帯圏に来た雰囲気を十分に味わうことができる。園内には温室もあり、13℃以上に調節され、マイアミの戸外環境に適さない植物を保存している。

ロングウッド・ガーデン
(Longwood Gardens, Inc. PO Box 501 US Routes 1&52 Kennett Square, PA 19348, USA)

http://www.longwoodgardens.org/lwgHome.htm
休園日：なし（年中無休）

実業家で慈善家のピエール・デュポン氏が、1906年、自然あふれる古い森の樹木が木材用に伐採されるところを保護するために買い取り、世界に誇れる庭園を造り始めた。総面積400 ha、総植栽植物数12,000〜14,000を有し、世界で最も美しいとも言われる庭園風の植物園。一年を通して、噴水ショーをはじめ、コンサート、様々なパフォーマンス、四季の美しい植物の展示が特徴。

キュー王立植物園

(Royal Botanic Gardens, Kew, Richmond Surrey TW9 3AB United Kingdom)

http://www.kew.org/index.htm
休園日：クリスマス、クリスマスイブ

1759年に設立され、2003年にユネスコの世界遺産に登録された。1759年に開館し、総面積120ha、総植栽植物数は30,000、世界を代表する植物園の一つ。園内には特徴ある大きな温室として、歴史的建造物であるヤシ温室が有名である。また、幾重にも繋がる三角形屋根のプリンセス・オブ・ウェールズ温室（写真）は1987年に開館した。

モントリオール植物園

(Montréal Botanical Garden, 4101, rue Sherbrooke Est Montréal, Québec, Canada, H1X 2B2)

http://www2.ville.montreal.qc.ca/jardin/en/menu.htm
休園日：月曜日

1932年に設立され、総面積72 ha、総植栽植物22,000を有する、カナダを代表する植物園。園内のライラックやクラブアップルのコレクションは圧巻。温室は1958年に設立され、面積4,000㎡あり、10の展示温室で構成されている。サボテン、多肉植物、シュウカイドウ科、イワタバコ科、ラン科、パイナップル科植物が収集・展示される。

シンガポール植物園

(Singapore Botanic Gardens, 1 Cluny Road, Singapore 259569)

http://www.sbg.org.sg/index.asp
休園日：なし（年中無休）

1859年に設立され、総面積64 haある。市街地オーチャードから近く、日本人が最も見学しやすい熱帯圏の植物のひとつ。ナショナル・オーキッド・ガーデンは3 haあり、約1000の種、約2000の交配種のラン科植物、約6万株が展示されている。ヤシ科のコレクションも有名。近年、進化園など、新しい施設が次々と造られている。日本人ボランティアガイドツアー（毎月第1土曜日）もある。

熱帯植物が観察できる国内の植物園 (2013年4月1日現在)

※各施設の開園日や開園時間は変更されることがありますので、事前にご確認ください。また、入園に際しては注意事項もあらかじめご確認ください。

施設名	所在地	電話
■北海道		
いわみざわ公園 色彩館	岩見沢市志文町794	0126-25-6111
札幌市緑化植物園 百合が原緑のセンター	札幌市北区百合が原公園210	011-772-3511
函館市熱帯植物園	函館市湯川町3-1-15	0138-57-7833
北海道医療大学薬用植物園	石狩郡当別町金沢1757	0133-23-3792(要連絡)
北海道大学植物園	札幌市中央区北3条西8	011-221-0066
■青森県		
夜越山森林公園	東津軽郡平内町大字浜子字堀替36-1	017-755-2663
■岩手県		
岩手県立花きセンター	胆沢郡金ヶ崎町六原頭無2-1	0197-43-2107
■宮城県		
鳴子熱帯植物園	大崎市鳴子温泉字星沼20-12	0229-87-1030
■秋田県		
秋田県農業研修センター観賞温室	南秋田郡大潟村字東1-1	0185-45-3106
秋田県立農業科学館	大仙市内小友字中沢171-4	0187-68-2300
能代エナジアムパーク	能代市字大森山1-6	0185-52-2955
■福島県		
いわき市フラワーセンター	いわき市平四ツ波字石森116	0246-22-5667
■茨城県		
茨城県植物園 熱帯植物館	那珂市戸4589	029-295-2150
国立科学博物館 筑波実験植物園	つくば市天久保4-1-1	029-851-5159
水戸市植物公園	水戸市小吹町504	029-243-9311
■栃木県		
井頭公園 花ちょう遊館	真岡市下籠谷99	0285-83-3121
とちぎ花センター	下都賀郡岩舟町下津原1612	0282-55-5775
■群馬県		
碓氷川熱帯植物園	安中市原市65	027-381-0747
ぐんまフラワーパーク	前橋市柏倉町2471-7	027-283-8189
高崎市染料植物園	高崎市寺尾町2302-11	027-328-6808
■埼玉県		
川口市立グリーンセンター	川口市大字新井宿700	048-281-2319
城西大学薬用植物園	夷隅郡大多喜町大多喜486	0470-82-2165
■千葉県		
清水公園	野田市清水906	04-7125-3030
白浜フラワーパーク	南房総市白浜町根本1454-37	0470-38-3555

千葉市都市緑化植物園	千葉市中央区星久喜町 278	043-264-9559
千葉市花の美術館	千葉市美浜区高浜 7-2-4	043-277-8776
南房パラダイス	館山市藤原 1495	0470-28-1511
太海フラワー磯釣りセンター	鴨川市太海浜 67	04-7092-1311

■東京都

板橋区立 熱帯環境植物館 (グリーンドームねったいかん)	板橋区高島平 8-29-2	03-5920-1131
小石川植物園	文京区白山 3-7-1	03-3814-0138
渋谷区ふれあい植物センター	渋谷区東 2-25-37	03-5468-1384
昭和薬科大学 薬用植物園	町田市東玉川学園 3-3165	042-721-1585
東京都薬用植物園	小平市中島町 21 − 1	042-341-0344
東京薬科大学薬用植物園	八王子市堀之内 1432-1	042-676-5111
八丈植物公園	八丈島八丈町大賀郷 2843	04996-2-4811
星薬科大学薬用植物園	品川区荏原 2-4-41	03-3786-1011
夢の島熱帯植物館	江東区夢の島 2-1-2	03-3522-0281

新宿御苑 (新宿区内藤町 11 番地)

TEL 03-3350-0151　FAX 03-3350-1372
休園日：月曜日（祝日の場合は翌日）・
年末年始（12/29 〜 1/3）
ただし、3 月 25 日〜 4 月
24 日、11 月 1 日〜 15 日は
無休

絶滅のおそれのある植物の保護やバリアフリーへの配慮、省エネルギー化への対応を図った新温室が、平成 24 年 11 月に開館。熱帯・亜熱帯の植物及び日本の絶滅危惧植物約 2700 種を栽培している。

東京都神代植物公園 (調布市深大寺元町二・五丁目、深大寺北町一・二丁目、深大寺南町四丁目)

TEL 042-483-2300
休園日：月曜日（祝日の場合は翌日）
年末年始
（12 月 29 〜 1 月 1 日）

大温室は昭和 59 年に完成し、珍しい熱帯の植物が集められ、冬も彩り鮮やかな花々を鑑賞できる。熱帯の花木室、熱帯スイレン室、ベゴニア室などがあり、650 種類、8500 本・株の植物が観察できる。

■神奈川県

小田原フラワーガーデン	小田原市久野 3798-5	0465-34-2814
神奈川県立フラワーセンター大船植物園	鎌倉市岡本 1018	0467-462188
川崎市農業技術支援センター	川崎市多摩区菅仙谷 3-17-1	044-945-0153
北里大学薬用植物園	相模原市南区北里 1-15-1	042-778-9307
相模原公園 サカタのタネグリーンハウス	相模原市南区下溝 3277	042-778-1653
東京農業大学植物園	厚木市船子 1737	046-270-6220
箱根強羅公園 ブーゲンビレア館・熱帯植物館・熱帯ハーブ館	足柄下郡箱根町強羅 1300	0460-82-2825
箱根町立 芦之湯フラワーセンター	足柄下郡箱根町芦之湯 84-55	0460-83-7350
横浜市こども植物園	横浜市南区六ツ川 3-122	045-741-1015

■新潟県

新潟県立植物園	新潟市秋葉区金津 186	0250-24-6465
保内公園 熱帯植物園温室	三条市下保内本所 3714	0256-38-5240
安田フラワーガーデン	阿賀野市久保 1-1	0250-68-5601

■富山県

富山県中央植物園	富山市婦中町上轡田 42	076-466-4187
富山県花総合センター	砺波市高道 46-3	0763-32-1187
富山県薬用植物指導センター	中新川郡上市町広野 2800	076-472-0801
南砺市園芸植物園フローラルパーク	南砺市柴田屋 128	0763-22-8711
氷見市海浜植物園	氷見市柳田 3583	0766-91-0100

■福井県

福井県総合グリーンセンター 都市緑化植物園	坂井市丸岡町楽間 15	0776-67-0002

■山梨県

笛吹川フルーツ公園 トロピカル温室	山梨市江曽原 1488	0553-23-4101

■岐阜県

岐阜薬科大学薬草園	岐阜市椿洞字東辻ヶ内 935	058-237-3931
内藤記念くすり博物館	各務原市川島竹早町 1	0586-89-2101
なばなの里	桑名市長島町駒江漆畑 270	0594-41-0787
花フェスタ記念公園	可児市瀬田 1584-1	0574-63-7373

■静岡県

熱川バナナワニ園	賀茂郡東伊豆町奈良本 1253-10	0557-23-1105
天城高原ベゴニアガーデン バラミステラス	伊豆市冷川 1524	0557-29-1187
伊豆四季の花公園	伊東市富戸 841-1	0557-51-1128
伊豆シャボテン公園	伊東市富戸 1317-13	0557-51-1111
伊豆洋ランパーク	伊豆の国市田京 195 − 2	0558-76-3355

掛川花鳥園	掛川市南西郷 1517	0537-62-6363
加茂花菖蒲園	掛川市原里 110	0537-26-1211
下賀茂熱帯植物園	賀茂郡南伊豆町下賀茂 255	0558-62-0057
爪木崎花園	下田市須崎 1235-1	0558-22-1531
はままつフラワーパーク	浜松市西区舘山寺町 195	053-487-0511
はままつフルーツパーク	浜松市北区都田町 4263-1	053-428-5211
富士花鳥園	富士宮市根原 480-1	0544-52-0880
らんの里堂ヶ島	賀茂郡西伊豆町仁科 2848-1	0558-52-2345

■愛知県

安城産業文化公園デンパーク	安城市赤松町梶 1	0566-92-7111
鞍ケ池公園 植物園	豊田市矢並町法沢 714-5	0565-80-5310
庄内緑地グリーンプラザ	名古屋市西区山田町大字上小田井字敷地 3527	052-503-1010
東谷山フルーツパーク	名古屋市守山区大字上志段味字東谷 2110	052-736-3344
豊橋総合動植物公園のんほいパーク	豊橋市大岩町字大穴 1-238	0532-41-2185
名古屋市緑化センター	名古屋市昭和区鶴舞 1-1-168	052-733-8340
名古屋市農業センター	名古屋市天白区天白町平針黒石 2872-3	052-801-5221
農業活性化センターあおいパーク	碧南市江口町 3-15-3	0566-43-0511
農業文化園フラワーセンター	名古屋市港区春田野 2-3204	052-302-5321
名城公園フラワープラザ	名古屋市北区名城 1-2-25	052-913-0087
東山動植物園	名古屋市千種区東山元町 3-70	052-782-2111
ランの館	名古屋市中区大須 4-4-1	052-243-0511

■滋賀県

草津市立水生植物公園みずの森 ロータス館	草津市下物町 1091	077-568-2332

■京都府

宇治市植物公園	宇治市広野町八軒屋谷 25-1	0774-39-9387

京都府立植物園 (京都市左京区下鴨半木町)

TEL 075-701-0141
休園日：12月28日～1月4日
観覧温室の延床面積は約 4,612 ㎡、高さは最高 14.8 m。内部は9つのゾーンで構成され、入館者は回遊式、段差のない延長 460 m に及ぶ順路に従って進むと、次々と景観が変わり、一巡すると熱帯の様々な植生が観賞できる。展示植栽植物は約 4,500 種類、25,000 本に及び、国内初展示、初開花の植物も多く、日本最大級の温室の一つ。

■大阪府

大阪市立大学理学部附属植物園	交野市私市 2000	072-891-2059
大阪府立花の文化園	河内長野市高向 2292-1	0721-63-8739
大阪薬科大学薬用植物園	高槻市奈佐原 4-20-1	072-690-1093
天王寺動植物公園	大阪市天王寺区茶臼山町 1-108	06-6771-8401
服部緑地都市緑化植物園	豊中市寺内 1-13-2	06-6866-3621

咲くやこの花館 (大阪市鶴見区緑地公園 2-163)

TEL 06-6912-0055　FAX 06-6913-8711
休館日：月曜日（祝日の場合は翌日）
　　　　年末年始
　　　（12月28日～1月4日）

1990年4月～9月に開催されたEXPO'90「国際花と緑の博覧会」において、大阪市のパビリオンとして建設された。ヒマラヤの青いケシや熱帯スイレンなどを開花調整し、一年中観察できる。展示植栽植物は約2,600種、15,000株におよぶ。ハイビスカスや水生植物などのコレクションの他、国内初開花の植物など多数展示している。フラワーツアーを実施している。

■兵庫県

尼崎市都市緑化植物園	尼崎市東塚口町 2-2-1	06-6426-4022
淡路ファームパーク　イングランドの丘	南あわじ市八木養宜上 1401	0799-43-2626
神戸花鳥園	神戸市中央区港島南町 7-1-9	078-302-8899
神戸市立須磨離宮公園	神戸市須磨区東須磨 1-1	078-732-6688
神戸市立布引ハーブ園	神戸市中央区北野町 1-4-3	078-271-1160
神戸市立フルーツ・フラワーパーク	神戸市北区大沢町上大沢 2150	078-954-1000
神戸薬科大学薬用植物園	神戸市東灘区本山北町 4-19-1	078-441-7514（要連絡）
手柄山温室植物園	姫路市手柄 93 手柄山中央公園内	079-296-4300
西宮市北山緑化植物園	西宮市北山町 1-1	0798-72-9391
兵庫県立淡路夢舞台温室 奇跡の星の植物館	淡路市夢舞台 4	0799-74-1200
兵庫県立フラワーセンター	加西市豊倉町飯森 1282-1	0790-47-1182

■奈良県

農業公園信貴山のどか村	生駒郡三郷町信貴南畑 1-7-1	0745-73-8203

■和歌山県

和歌山県植物公園 緑花センター	和歌山県岩出市東坂本 672	0736-62-4029

■鳥取県

とっとり花回廊	西伯郡南部町鶴田 110	0859-48-3030

■島根県

松江フォーゲルパーク	松江市大垣町 52	0852-88-9800

■岡山県

半田山植物園	岡山市北区法界院 3-1	086-252-4183

■広島県

尾道市因島フラワーセンター	尾道市因島重井町 1182-1	0845-26-6212

広島市植物公園 (広島市佐伯区倉重 3-495)

TEL 082-922-3600　FAX 082-923-6100
休園日：金曜日（8月6日または祝日の場合は、その直前の平日）
年末年始（12月29日～1月3日）

温室として、大温室、熱帯スイレン温室、フクシア温室、サボテン温室、ベゴニア温室を有している。
大温室は 2,186 ㎡、高さ 21 mの巨大な温室で、熱帯地方の自然の景観を再現し、一年を通じて熱帯・亜熱帯の雰囲気を楽しむことができる。
フクシア温室ではランのコレクションを展示している。

■山口県

ときわミュージアム 緑と花と彫刻の博物館	宇部市野中 3-4-29	0836-37-2888

■高知県

高知県立牧野植物園	高知市五台山 4200-6	088-882-2601

■福岡県

福岡市植物園	福岡市中央区小笹 5-1-1	092-531-1968

■佐賀県

ブーゲンの森	唐津市浜玉町横田下 542-6	0955-70-5757
ポンポコ村ベゴニアガーデン	唐津市浜玉町浜崎　鏡山中腹	0955-56-8580

■長崎県

西海国立公園　九十九島動植物園	佐世保市船越町 2172	0956-28-0011
長崎県亜熱帯植物園	長崎市脇岬町 833	095-894-2050

■熊本県

| 熊本県農業公園カントリーパーク | 合志市栄 3802-4 | 096-248-7311 |
| 熊本市動植物園 | 熊本市東区健軍 5-14-2 | 096-368-5615 |

■大分県

| 大分県農林水産研究指導センター 農業研究部 花きグループ | 別府市大字鶴見 710-1 | 0977-66-4706 |
| 佐野植物公園 | 大分市大字佐野 3452-2 | 097-593-3570 |

■宮崎県

| 宮崎県立青島熱帯植物園 | 宮崎市青島 2-12-1 | 0985-65-1042 |

■鹿児島県

| フラワーパークかごしま | 指宿市山川岡児ケ水 1611 | 0993-35-3333 |

■沖縄県

海洋博公園みどりの王国 熱帯・亜熱帯都市緑化植物園	国頭郡本部町字石川 424	0980-48-3782
ナゴパイナップルパーク	名護市為又 1195	0980-53-3659
ネオパーク・オキナワ	名護市字名護 4607-41	0980-52-6348
バンナ公園	石垣市登野城	09808-2-6993
ビオスの丘	うるま市石川手苅 961-30	098-965-3400
宮古島市熱帯植物園	宮古島市平良字東仲宗根添 1166-286	0980-73-4111

熱帯ドリームセンター（沖縄県国頭郡本部町石川 424）

TEL 0980-48-3624
FAX 0980-48-3785
休園日：毎年 12 月第 1 水曜日とその翌日
　全体面積は 6 ha。ラン温室 14,778 ㎡、ビクトリア温室 781 ㎡、果樹温室 1,263 ㎡。3 つのラン温室には常時 2000 株以上のランを展示している。ランをはじめとして温室内には、熱帯・亜熱帯の花々が咲き、トロピカルフルーツが実っている。

索引

【ア】

アカバナハカマノキ	146
アカバナワタ	80
アキメネス	94
アサヒカズラ	29
アスコセンダ・スク・スムラン・ビューティー	57
アッサムニオイザクラ	87
アデニウム	112
アニゴザントス	76
アニソドンテア	82
アフェランドラ	103
アブチロン	81
アベルモスカス	80
アマゾンソードプランツ	42
アマゾンユリ	78
アメフリノキ	145
アメリカチシャノキ	155
アメリカデイコ	150
アメリカネム	145
アメリカハマグルマ	21
アメリカバンマツリ	135
アラゲエンソウ	16
アラマンダ	113
アラマンダ・カタルティカ	24
アリアケカズラ	24
アリストロキア	19
アルギレイア	37
アルピニア	66
アンゲロニア	102
アンスリウム	62
イエライシャン	21
イオクロマ	135
イクソラ	88
イランイランノキ	143
イロモドリノキ	38
インコアナナス	75
インパティエンス	128, 129
ウェデリア	21
ウォーターポピー	42
ウキツリボク	81
ウケザキクンシラン	78
ウコン	66
ウナズキヒメフヨウ	86
ウラベニショウ	60
エクメア	70
エスキナンサス	17
エピスシア	95
エピデンドラム属	50, 53
エラチオール・ベゴニア	126
エランテマム・プルケルム	105
エリスリナ	150
エンジェルズ・トランペット	134
オウコチョウ	145
オウムバナ属	58
オオオニバスの仲間	43
オオシロソケイ	41
オーストラリアン・ローズマリー	125
オオバナサルスベリ	155
オオハマボウ	85
オオバヤドリノボタン	141
オオミノトケイソウ	30
オオミフクラギ	114
オオヤマショウガ	68
オキシペタラム	22
オキナワキョウチクトウ	114
オクナ	101
オタカンサス	102
オトギリバニシキソウ	132
オドントグロッサム類	54
オドントネマ	107
オランダカイウ	63
オンキデサ	53
オンコステレ・ワイルドキャット	54
オンシジウム類	53

【カ】

ガーリック・バイン	34
カエンカズラ	35
カエンボク	138
カトリアンテ・ファビンギアナ 'ミカゲ'	51
カトレア類	50

カラー	63		ゴクラクチョウカ	61
カラテア	60		コクリオステマ	69
カランコエの仲間	49		コスタス	64
カリアンドラ	148		コダチアサガオ	143
カロトロピス	114		コダチダリア	101
カンガルーポー	76		コダチヤハズカズラ	112
キダチチョウセンアサガオ	134		コチョウラン	56
木立ベゴニア	127		コドナンテ	16
キバナキョウチクトウ	116		コバノランタナ	121
キバナヨウラク	120		コプシア	117
キバナワタモドキ	144		コマチフジ	39
球根ベゴニア	127		コヤシセンナ	152
グアリアンテ・オーランティアカ	50		コルディア	155
クサギ属	28		コルムネア	18
クササンタンカ	90		コンゲア	119
クジャクサボテン	47		コンブレツム	27
グズマニア	72		コンロンカ	89
クダモノトケイ	30			
クフェア	154		**【サ】**	
クラリンドウ	118		サガリバナ	122
クリスマス・カクタス	48		サクラランの仲間	46
クリスマス・ベゴニア	126		サツマイモ属	143
クリトストマ	34		サマー・ブーケ	26
クルクマ	66		サラカ	151
グレビレア	157		サリタエア	33
クレロデンドラムとその仲間	118		サンケジア	111
クレロデンドラム	28		サンゴアナナス属	70
クロウェア	153		サンゴシトウ	150
グロキシニア	98		サンゴバナ	106
クロッサンドラ	104		サンタンカの仲間	88
グロッバ	67		サンユウカ	116
クンシラン	78		シーマニア	99
ケストラム	136		ジェイド・バイン	40
ゲッカビジン	47		シクンシの仲間	27
ゲットウ	66		ジゴペタラム	55
ケルベラ	114		シコンノボタンの仲間	142
ゲンペイカズラ	28		シチヘンゲ	121
コウシュンカズラ	29		ジニンギア	98
皇帝ダリア	101		シマサンゴアナナス	70
ゴエテア	86		シマヒギリ	118
コエビソウ	105		ジャカランダ	137
ゴールデン・シャワー	149		シャコバサボテン	48
コーレリア	96		ジャスティシア	106

ジャスミナム	41
ジャスミンの仲間	41
シュルンベルゲラ属	48
ショウガ属	68
ジョウゴバナ	104
シロゴチョウ	151
ジンジャーの仲間	68
シンビジウム	51
スクテラリア・コスタリカナ	125
ステノカルプス・シヌアタス	160
ストレプトカーパス	100
ストレプトカーパスの仲間	100
ストレリチア	61
ストロビランテス・アニソフィラ	111
ストロファンタス	26
ストロマンテ	60
スパティフィラム	63
スミシアンサ	99
セイロンテツボク	144
セイロンライティア	117
センコウハナビ	79
セントポーリア	97
センナ	152
ソーセージノキ	138
ソケイ属	41
ソケイノウゼン	35
ソシンカ	146
ソラナム	33
ソランドラ	32

【タ】

タイワンレンギョウ	119
タシロイモ属	68
タッカ	68
タテハナアナナス	74
タバコソウ	154
タペイノキロス	65
タベブイア	139
ダレシャンピア	29
チャイニーズ・レイン・ベル	111
チャボイランイランノキ	143
チユウキンレン	76
チョウマメ	38

チランジア	74
ツバキカズラ	16
ツルハナナス	33
ツンベルギア	23, 112
ディクリプテラ	107
ディコリサンドラ	69
ディソカクタス属	47
ティボウキナ	142
ディレニア・フルティコサ	128
テコマ・スタンス	139
テコマンテ	36
デザート・ピー	38
テリハイカダカズラ	20
テロペア	160
デンファレ系デンドロビウム	52
デンドロビウム	52
デンマーク・カクタス	48
ドゥランタ	119
トウワタ	113
トーチジンジャー	67
トケイソウの仲間	30
トックリキワタ	80
トビカズラ属	39
トラフアナナス	75
ドワーフ・キャットテール	130
ドンベヤ	82

【ナ】

ナンバンサイカチ	149
ナンヨウサクラ	133
ニオイバンマツリ	135
ニドゥラリウム	71
ニューギニア・インパティエンス	128
ニンニクカズラ	34
ニンファエア	44
ネオレゲリア	73
ネコノヒゲ	124
熱帯スイレン	45
熱帯スイレンの原種	44
ネマタンサス	96
ノアサガオ	37
ノビル系デンドロビウム	52
ノランテア	40

【ハ】

バーチェリア	87
ハーデンベルギア	39
バービッジア	65
バーレリア・レペンス	104
ハイビスカス・インスラリス	85
ハイビスカスの仲間	83
パイプカズラ	19
バウヒニア	146
バウヒニア・コキアナ	38
パキスタキス	108
ハゴロモジャスミン	41
パッシフロラ	30
ハナシュクシャ	65
ハナショウガ	68
バナナの仲間	77
ハナヤナギ	154
ハネセンナ	152
パフィオペディラム	55
パボニア	86
ハメリア	87
パラグアイオニバス	43
ハリマツリ	119
ハリミノウゼン	34
ハワイアン・ハイビスカス	84
バンクシア	156
バンダ類	57
パンドレア	35
ビクトリア	43
ヒゴロモコンロンカ	89
ビジンショウ	77
ヒスイカズラ	40
ヒビスカス	83
ヒメノウゼンカズラ	140
ヒメノカリス	79
ヒメノボタン	143
ヒメバショウ	77
ビルベルギア	71
ピンクノウゼンカズラ	36
ファヌリョア	133
ファレノプシス	56
フィゲリウス	122
フイリゲンペイカズラ	28
フイリサクララン	46
フイリソシンカ	146
フイリデイコ	150
ブーゲンビレア	20
フウリンブッソウゲ	83
フクシア	92, 93
フクシアの原種	91
フクジンソウ	64
フクジンソウ属	64
プセウデランテマム	109
ブッソウゲ	83
フブキバナ	125
冬咲きベゴニア	126
ブライダル・ベール	69
ブラウネア	147
ブラケア	140
ブラジルデイコ	150
ブラッサボラ属	50
フリーセア	75
ブルー・キャッツアイ	102
ブルースター	22
ブルーハイビスカス	82
ブルー・ポテト・ブッシュ	136
ブルグマンシア	134
プルメリア	115
ブルンフェルシア	135
プレクトランサス 'モナ・ラベンダー'	124
プロテア	158
ヘテロケントロン	143
ペトレア	27
ベニウチワ属	62
ベニゲンペイカズラ	28
ベニバナトケイソウ	31
ベニバナフクジンソウ	64
ベニヒモノキ	130
ベニフデツツアナナス	71
ベニマツリ	90
紅ロケア	49
ヘリコニア	58
ヘリトリオシベ	104
ベンガルヤハズカズラ	23

ペンタス	90
ポインセチア	132
ホウオウボク	149
ホウガンノキ	123
ボーモンティア	24
ホザキアサガオ	37
ホザキノトケイソウ	31
ホテイアオイ	42
ポテト・ツリー	137
ポドラネア	36
ホヤ	46
ボルネオソケイ	41
ホルムショルディア	120
ボロニア	153

【マ】

マーマレードノキ	137
マダガスカルジャスミン	22
マツカサジンジャー	65
マツリカ	41
マネティア	16
マンデビラ	25
ミズヒナゲシ	42
ミッキーマウスノキ	101
ミフクラギ	114
ミフクラギの仲間	114
ミルトニア類	54
ムクナ	39
ムサ	77
ムッサエンダ	89
ムユウジュの仲間	151
メガスケパスマ	107
メキシカン・フレーム・バイン	21
メキシコハナヤナギ	154
メディニラ	141
モカラ・パンニー	57
モクセンナ	152
モクワンジュ	146

【ヤ】

ヤエサンユウカ	116
ヤコウカ	136
ヤコウボクの仲間	136
ヤノネボンテンカ	86
ヤハズカズラ	23
ユーフォルビア	48, 131
ヨウラクツツアナナス	71
ヨウラクボク	147
ヨッパライノキ	80

【ラ】

ライティア	117
ラッセリア	102
ラッパバナ属	32
ラパジュリア	16
ランタナ	121
リードステム系エピデンドラム	53
リカステ	54
リュウキュウベンケイソウ属	49
リュエリア	110
リンコレリア属	50
リンコレリオカトレヤ・アルマ・キー'チップ・マリー'	51
ルッティア	110
ルリイロツルナス	33
ルリハナガサ	105
ルリマツリ	94
レウカデンドロン・サリグヌム	157
レウコスペルマム・プラエコックス	160
レッド・トランペット・バイン	34
レリア属	50
ローゼル	85
ロケア	49
ロテカ・ミリコイデス	118
ロンドレティア	90

【ワ】

ワイルド・アラマンダ	26

あとがき

　熱帯植物の研究に関わって、30年以上が経ちました。本書を執筆するに当たり、様々な地域で調査したことが思い出されます。写真については、すべて自ら撮影したものを使用いたしました。本書により、熱帯植物に親しみをもつ人が一人でも増えれば、私にとって望外の喜びです。

　最後になりましたが、出版の機会をいただいた文一総合出版の斉藤博氏と、編集を担当していただいた椿康一氏に厚くお礼申し上げます。

著者

■**主な参考文献**（著者の著書を除く）
- 安藤敏夫・小笠原亮・長岡求．2007．日本花名鑑④．アボック社．
- Fayaz, A. 2011. Encyclopedia of tropical plants. Firefly Books.
- Griffiths, M. 1992. Index of garden plants. Royal Horticultural Society.
- Mabberley, D. J. 2008. Mabberley's plant-book (third edition). Cambridge University Press.
- 大場秀章．2009．植物分類表．アボック社．
- Rohwer, J. G. 2002. Tropical plants of the world. Sterling Publishing.
- 坂崎信之・尾崎章・香月茂樹・清水秀男・橋本吾郎・花城良廣・毛藤囿彦．1998．日本で育つ熱帯花木植栽事典．アボック社．
- 塚本洋太郎(総監修)．1994．コンパクト版園芸植物大事典．小学館．